农作物种质资源技术规范丛书

无花果种质资源描述规范和数据标准

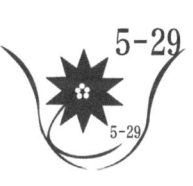

Descriptors and Data Standard for Fig
(*Ficus carica* L.)

郭俊英 等 编著

中国农业科学技术出版社

图书在版编目（CIP）数据

无花果种质资源描述规范和数据标准 / 郭俊英等编著 . -- 北京：中国农业科学技术出版社，2024.7.
ISBN 978-7-5116-6922-3

Ⅰ. S663.304

中国国家版本馆 CIP 数据核字第 2024JP9154 号

责任编辑	贺可香　崔改泵
责任校对	李向荣
责任印制	姜义伟　王思文

出 版 者	中国农业科学技术出版社
	北京市中关村南大街 12 号　　邮编：100081
电　　话	（010）82109194（编辑室）　　（010）82106624（发行部）
	（010）82109709（读者服务部）
网　　址	https://castp.caas.cn
经 销 者	各地新华书店
印 刷 者	北京建宏印刷有限公司
开　　本	170 mm×240 mm　1/16
印　　张	6
字　　数	120 千字
版　　次	2024 年 7 月第 1 版　2024 年 7 月第 1 次印刷
定　　价	50.00 元

▁▂▃ 版权所有·翻印必究 ▃▂▁

《农作物种质资源技术规范》
总编辑委员会

主　任　　董玉琛　刘　旭

副主任　（以姓氏笔画为序）

万建民　王述民　王宗礼　卢新雄　江用文
李立会　李锡香　杨亚军　高卫东
曹永生（常务）

委　员　（以姓氏笔画为序）

万建民　马双武　马晓岗　王力荣　王天宇
王克晶　王志德　王述民　王玉富　王宗礼
王佩芝　王坤坡　王星玉　王晓鸣　云锦凤
方　沩　方智远　方嘉禾　石云素　卢新雄
叶志华　白建军　成　浩　伍晓明　朱志华
朱德蔚　刘　旭　刘凤之　刘庆忠　刘威生
刘崇怀　刘喜才　江　东　江用文　许秀淡
孙日飞　李立会　李向华　李秀全　李志勇
李登科　李锡香　杜雄明　杜永臣　严兴初
吴新宏　杨　勇　杨亚军　杨庆文　杨欣明
沈　镝　沈育杰　邱丽娟　陆　平　张　京
张　林　张大海　张冰冰　张　辉　张允刚
张运涛　张秀荣　张宗文　张燕卿　陈　亮

陈成斌	陈彦清	宗绪晓	郑殿升	房伯平
范源洪	欧良喜	周传生	赵来喜	赵密珍
俞明亮	郭小丁	姜　全	姜慧芳	柯卫东
胡红菊	胡忠荣	娄希祉	高卫东	高洪文
袁　清	唐　君	曹永生	曹卫东	曹玉芬
黄华孙	黄秉智	龚友才	崔　平	揭雨成
程须珍	董玉琛	董永平	粟建光	韩龙植
蔡　青	熊兴平	黎　裕	潘一乐	潘大建
魏兴华	魏利青			

总审校　娄希祉　曹永生　刘　旭

《无花果种质资源描述规范和数据标准》编著委员会

主 编 著 郭俊英

副主编著 高 磊　吉 淼

编 著 者 郭俊英　高 磊　吉 淼
　　　　　张伟威　刘海燕　李 梅
　　　　　胡冠军　张元鹏　高 扬

审 稿 人（以姓氏笔画为序）
　　　　　马锋旺　方 泖　王力荣
　　　　　孙 蕾　汪良驹　韩振海

审 校 王力荣

《农作物种质资源技术规范》

前　　言

　　农作物种质资源是人类生存和发展最有价值的宝贵财富，是国家重要的战略性资源，是作物育种、生物科学研究和农业生产的物质基础，是实现粮食安全、生态安全与农业可持续发展的重要保障。中国农作物种质资源种类多、数量大，以其丰富性和独特性在国际上占有重要地位。经过广大农业科技工作者多年的努力，目前已收集保存了51万份种质资源，积累了大量科学数据和技术资料，为制定农作物种质资源技术规范奠定了良好的基础。

　　农作物种质资源技术规范的制定是实现中国农作物种质资源工作标准化、信息化和现代化，促进农作物种质资源事业跨越式发展的一项重要任务，是农作物种质资源研究的迫切需要。其主要作用是：①规范农作物种质资源的收集、整理、保存、鉴定、评价和利用；②度量农作物种质资源的遗传多样性和丰富度；③确保农作物种质资源的遗传完整性，拓宽利用价值，提高使用时效；④提高农作物种质资源整合的效率，实现种质资源的充分共享和高效利用。

　　《农作物种质资源技术规范》是国内首次出版的农作物种质资源基础工具书，是农作物种质资源考察收集、整理鉴定、保存利用的技术手册，其主要特点：①植物分类、生态、形态，农艺、生理生化、植物保护，计算机等多学科交叉集成，具有创新性；②综合运用国内外有关标准规范和技术方法的最新研究成果，具有先进性；③由实践经验丰富和理论水平高的科学家编审，科学性、系统性和实用性强，具有权威性；④资料翔实、结构严谨、形式新颖、图文并茂，具有可操作性；⑤规定了粮食作物、经济作物、蔬菜、果树、牧草绿肥等五大类100多种作物种质资源的描述规范、数据标准和数据质量控制规范，以及收集、整理、保存技术规程，内容丰富，具有完整性。

《农作物种质资源技术规范》是在农作物种质资源50多年科研工作的基础上，参照国内外相关技术标准和先进方法，组织全国40多个科研单位，500多名科技人员进行编撰，并在全国范围内征求了2 000多位专家的意见，召开了近百次专家咨询会议，经反复修改后形成的。《农作物种质资源技术规范》按不同作物分册出版，共计130余册，便于查阅使用。

《农作物种质资源技术规范》的编撰出版，是国家农作物种质资源平台建设的重要任务之一。国家农作物种质资源平台由科技部和财政部共同设立，得到了各有关领导部门的具体指导，中国农业科学院的全力支持及全国有关科研单位、高等院校及生产部门的大力协助，在此谨致诚挚的谢意。由于时间紧、任务重、缺乏经验，书中难免有疏漏之处，恳请读者批评指正，以便修订。

总编辑委员会

前　言

无花果（*Ficus carica* L.）又名奶浆果、映日果、蜜果等，属桑科（Moraceae）无花果属（亦称榕属）（*Ficus* L.），为多年生落叶灌木或小乔木至大乔木。染色体数 $2n=2x=26$。因其小花隐藏在花托内，只能看到花托发育形成的假果，而看不到里面真正的花与果，故而被误称为"无花果"，从本质上来说，"无花果"实际上是"全花果"。其可食部分是由花托膨大而成的聚合果。

无花果是人类驯化栽培历史上最古老的果树之一，迄今已经超过10 000年。原产西亚和地中海沿岸，目前地中海沿岸诸国栽培最盛。2006年，Kesiev等在 *Science* 发表论文，声称他们在约旦河谷下游一个新石器时代早期村庄的地下挖掘出9个炭化无花果和数百个核果。经同位素检测发现，这些无花果可追溯到11 200年至11 400年前。因而提出，这些可食用的果实是从人为种植的单性结实的树上采摘下来的，无花果可能是新石器时代第一个被人类驯化的植物，比谷物驯化大约要早上一千年。

无花果栽培品种丰富，按照花器构造与授粉特性的差异，将无花果栽培种分为四个类群，即单性结实的普通型（Common）、有雌花的斯密尔那型（Smyrna）、雌雄异花的原生型（Caprifig）和中间型无花果（San Pedro）。Condit在1955年发表的无花果分类成果中对720个栽培品种进行了描述和分类，其中75%为普通型无花果，18%为斯密尔那型无花果，7%为中间型和原生型无花果。美国NCGR-Davis种质资源库列举了已知无花果栽培品种706个，其中普通型无花果为468个、斯密尔那型无花果122个、中间型无花果20个、原生型无花果96个。世界上无花果的主要生产栽培品种大部分为普通型，欧洲及美国加利福尼亚州有斯密尔那型无花果，我国生产上栽培的无花果皆为普通型。

古罗马时代及地中海沿岸的古老传说赋予了无花果"守护之神""圣果"的称号。目前，无花果在亚洲、欧洲、非洲和美洲的50多个国家种植。全球种植面积超过28.6万 hm^2，种植面积较大的国家有葡萄牙、土耳其、伊朗、西班牙、意大利、希腊、美国等,其中葡萄牙和土耳其种植面积分别达到8万hm^2和6万hm^2。世界无花果年产量135.5万t,其中60%来自土耳其和北非地中海国家,其他主产国包括伊朗、西班牙、意大利、希腊和美国。

有关我国无花果的历史记载最早见于《酉阳杂俎》(约公元860年),至少有1 100年以上历史。也有人认为,汉代古丝绸之路开辟后,无花果从波斯传入我国新疆。至唐代,再由新疆传入甘肃、陕西以及中原等地。现南北均有栽培。我国无花果主产区在新疆阿图什、库车、疏附、岳普湖、和田,山东威海、烟台和东营,四川威远,江苏南京和句容,浙江金华和河南郑州等地。2020年全国种植面积约3 031 hm^2,产量18 121 t。无花果喜欢温暖湿润的气候,耐贫瘠和干燥,最好种植在土层深厚、疏松肥沃、排水良好的沙壤土中。新疆无花果以新疆早黄、丰产黄为主栽品种。山东威海以青皮为主栽品种,四川威远以布兰瑞克为主栽品种,浙江金华、江苏句容以玛斯衣陶芬为主栽品种,近几年各地大量引入波姬红、金傲芬、芭劳奈、斯特拉等品种。新疆无花果以鲜食为主;山东无花果除鲜食外,以加工冻干果、切瓣果干居多;浙江无花果几乎全部用于鲜果供应。

无花果果肉柔软甜糯、气味香甜、味美可口,富含多种氨基酸、维生素和有益于身体健康的微量元素,作为药食同源的特色功能性果树代表,具有滋补、防病、治病、健身等功效。20世纪80年代,南京农业大学无花果课题组与江苏省肿瘤防治研究所合作,证明无花果叶、果、根等提取液均有明显的抗癌功能,因而,无花果被誉为"抗癌斗士""21世纪人类健康的守护神"。其果实可以鲜食、制干、制汁、酿酒,以及加工酵素、果酱和煲粥等,具有较高的药用价值,是一种优良的经济树种,且具有耐盐性强、耐瘠薄等特点。

规范标准是国家自然科技资源平台建设的基础,无花果种质资源描述规范和数据标准的制定是国家园艺种质资源库建设的重要内容之一,制定统一的无花果种质资源规范标准,有利于整合全国无花果种质资源,规范无花果种质资源的收集、整理和保存等基础性工作,创造良好的资源和信息共享环境和条件;有利于高效地保护和利用无花果种质资源,充分挖掘其潜在的经济、社会和生态价值,促进全国无花果种质资源研究的有序和高效发展。

无花果种质资源描述规范规定了无花果种质资源的描述符及其分级标

准，以便对无花果种质资源进行标准化整理和数字化表达。无花果种质资源数据标准规定了无花果种质资源各描述符的字段名称、类型、长度、小数位、代码等，以便建立统一的、规范的无花果种质资源数据库。无花果种质资源数据质量控制规范规定了无花果种质资源数据采集全过程中的质量控制内容和质量控制方法，以保证数据的系统性、可比性和可靠性。

《无花果种质资源描述规范和数据标准》一书的出版由国家园艺种质资源库资助，由中国农业科学院郑州果树研究所主持编著，并得到了全国无花果科研、教学和生产单位的大力支持。在编写过程中，参考了国内外相关文献，由于篇幅所限，书中仅列出主要参考文献，在此一并致谢。由于编著者水平有限，错误和疏漏之处在所难免，恳请专家和读者批评指正。

编著者
2024 年 5 月

目 录

1 无花果种质资源描述规范和数据标准制定的原则和方法 ………… (1)
2 无花果种质资源描述简表 ……………………………………………… (3)
3 无花果种质资源描述规范 ……………………………………………… (9)
4 无花果种质资源数据标准 ……………………………………………… (31)
5 无花果种质资源数据质量控制规范 …………………………………… (47)
6 无花果种质资源数据采集表 …………………………………………… (70)
7 无花果种质资源利用情况报告格式 …………………………………… (74)
8 无花果种质资源利用情况登记表 ……………………………………… (75)
主要参考文献 ……………………………………………………………… (76)
《农作物种质资源技术规范》丛书分册目录 …………………………… (77)

1 无花果种质资源描述规范和数据标准制定的原则和方法

1.1 无花果种质资源描述规范制定的原则和方法

1.1.1 原则

1.1.1.1 优先采用现有数据库中的描述符和描述标准。
1.1.1.2 以种质资源研究和育种需求为主，兼顾生产与市场需要。
1.1.1.3 立足中国现有基础，考虑将来发展，尽量与国际接轨。

1.1.2 方法和要求

1.1.2.1 描述符类别分为6类。

  1 基本信息
  2 形态特征和生物学特性
  3 品质特性
  4 抗逆性
  5 抗病虫性
  6 其他特征特性

1.1.2.2 描述符代号由描述符类别加两位顺序符号组成。如"110""208""501"等。

1.1.2.3 描述符性质分为3类。

  M 必选描述符（所有种质必须鉴定评价的描述符）
  O 可选描述符（可选择鉴定评价的描述符）
  C 条件描述符（只对特定种质进行鉴定评价的描述符）

1.1.2.4 描述符的代码是有序的。如数量性状从细到粗、从低到高、从小到大、从少到多排列，颜色从浅到深，抗性从强到弱等。

1.1.2.5 每个描述符有一个基本的定义或说明。数量性状应表明单位，质量性状有评价标准和等级划分。

1.1.2.6 植物学形态描述符一般附模式图。

1.1.2.7 重要数量性状以数值表示。

1.2 无花果种质资源数据标准制定的原则和方法

1.2.1 原则
1.2.1.1 数据标准中的描述符与描述规范相一致。
1.2.1.2 数据标准优先考虑现有数据库中的数据标准。

1.2.2 方法和要求
1.2.2.1 数据标准中的代号与描述规范中的代号一致。
1.2.2.2 字段名最长 12 位。
1.2.2.3 字段类型分字符型（C）、数值型（N）和日期型（D）。日期型的格式为 YYYYMMDD。
1.2.2.4 经度的类型为 N，格式为 DDDFF；纬度的类型为 N，格式为 DDFF，其中 D 为度，F 为分；东经以正数表示，西经以负数表示；北纬以正数表示，南纬以负数表示。如"12136""-3921"。

1.3 无花果种质资源数据质量控制规范制定的原则和方法

1.3.1 原则
1.3.1.1 采集的数据应具有系统性、可比性和可靠性。
1.3.1.2 数据质量控制以过程控制为主，兼顾结果控制。
1.3.1.3 数据质量控制方法应具有可操作性。

1.3.2 方法和要求
1.3.2.1 鉴定评价方法以现行国家标准和行业标准为首选依据；如无国家标准和行业标准，则以国际标准或国内比较公认的先进方法为依据。
1.3.2.2 每个描述符的质量控制包括田间设计，样本数或群体大小，时间或时期，取样数和取样方法，计量单位、精度和允许误差，采用的鉴定评价规范和标准，采用的仪器设备，性状的观测和等级划分方法，数据校验和数据分析。

2 无花果种质资源描述简表

序号	代号	描述符	描述符性质	单位或代码
1	101	全国统一编号	M	
2	102	种质圃编号	O	
3	103	引种号	C/国外种质	
4	104	采集号	C/野生资源或地方品种	
5	105	种质名称	M	
6	106	种质外文名	M	
7	107	科名	M	
8	108	属名	M	
9	109	学名	M	
10	110	原产国	M	
11	111	原产省	M	
12	112	原产地	M	
13	113	海拔	C/野生资源和地方品种	m
14	114	经度	C/野生资源和地方品种	
15	115	纬度	C/野生资源和地方品种	
16	116	来源地	M	
17	117	保存单位	M	
18	118	保存单位编号	M	
19	119	保存资源类型	M	1：植株 2：种子 3：花粉 4：培养物 5：DNA 6：其他
20	120	种质类型	M	1：野生资源 2：地方品种 3：选育品种 4：品系 5：遗传材料 6：其他

(续表)

序号	代号	描述符	描述符性质	单位或代码
21	121	用途	O	1：鲜食 2：鲜食兼制干 3：制干 4：药用 5：其他
22	122	系谱	C/选育品种或品系	
23	123	选育单位	C/选育品种或品系	
24	124	育成年份	C/选育品种或品系	
25	125	选育方法	C/选育品种或品系	
26	126	图像	O	
27	127	观测地点	M	
28	201	树姿	O	1：直立 2：半直立 3：开张
29	202	二级分枝下垂	M	1：无 2：有
30	203	树势	M	1：弱 2：中 3：强
31	204	基部徒长枝数量	M	1：少 2：中 3：多
32	205	分枝密度	M	1：稀少 2：中等 3：密集
33	206	结瘤	M	1：无 2：少 3：中 4：多
34	207	一年生枝：皮色	M	1：橙 2：褐 3：灰褐 4：灰
35	208	一年生枝：节间长	M	1：短 2：中 3：长
36	209	一年生枝：节间数	O	1：少 2：中 3：多
37	210	一年生枝：皮孔形状	M	1：线形 2：椭圆形 3：圆形
38	211	一年生枝：皮孔大小	M	1：小 2：中 3：大
39	212	一年生枝：皮孔密度	M	1：稀 2：中 3：密
40	213	一年生枝：顶芽形状	M	1：长三角形 2：三角形 3：短三角形
41	214	一年生枝：顶芽颜色	M	1：黄绿 2：橙 3：褐 4：灰褐 5：紫红
42	215	一年生枝：顶芽大小	M	1：小 2：中 3：大
43	216	两年生枝形状	M	1：笔直 2：弯曲 3：S形弯曲

（续表）

序号	代号	描述符	描述符性质	单位或代码
44	217	两年生枝：潜伏芽隆起程度	M	1：弱　2：中　3：强
45	218	叶裂刻类型	M	1：无裂　2：三裂　3：五裂　4：七裂
46	219	无裂种质：叶形	O	1：心形　2：三角形　3：披针形　4：椭圆形
47	220	有裂种质：叶顶部裂片形	O	1：三角形　2：窄菱形　3：阔菱形　4：匙形　5：长匙形　6：大头羽裂形
48	221	有裂种质：顶部裂片长与叶长的比率	M	1：小　2：中　3：大
49	222	有裂种质：裂片二次裂刻	M	1：无　2：浅　3：中　4：深
50	223	叶基部形状	M	1：下弯　2：截形　3：心形　4：距状
51	224	叶长	O	cm
52	225	叶宽	O	cm
53	226	叶颜色	O	1：浅　2：中　3：深
54	227	叶背面茸毛	M	1：少　2：中　3：多
55	228	叶柄上基部侧叶	M	1：有　2：无
56	229	叶柄上基部侧叶大小	O	1：小　2：中　3：大
57	230	叶柄长	O	cm
58	231	叶柄颜色	O	1：黄绿　2：浅绿　3：绿
59	232	无花果分类	M	1：普通型　2：斯密尔那型　3：中间型　4：原生型
60	233	普通型无花果的类别	M	1：夏果型　2：秋果型　3：夏秋果兼用型
61	234	单株果实数量	O	1：极少　2：少　3：中　4：多　5：极多
62	235	果柄与枝条附着程度	O	1：弱　2：中　3：强
63	236	果实纵径	O	cm

(续表)

序号	代号	描述符	描述符性质	单位或代码
64	237	果实横径	O	cm
65	238	单果重	M	g
66	239	果颈	O	1：无或极短 2：短 3：中 4：长
67	240	果目大小	M	1：小 2：中 3：大
68	241	果柄长	O	1：短 2：中 3：长
69	242	果点密度	O	1：稀 2：中 3：密
70	243	果斑	O	1：无 2：有
71	244	果脉	O	1：无或不明显 2：较明显 3：明显
72	245	果皮裂果性	M	1：无裂 2：横裂 3：纵裂
73	246	果目周围裂果性	O	1：无 2：有
74	247	剥皮难易程度	O	1：易 2：中 3：难
75	248	空腔大小	M	1：无或极小 2：小 3：中 4：大
76	249	果皮抗划性	O	1：弱 2：中 3：强
77	250	瘦果数量	M	1：少 2：中 3：多
78	251	瘦果大小	O	1：小 2：中 3：大
79	252	始熟期	M	
80	253	末熟期	M	
81	254	畸形果数量	O	1：无或少 2：中 3：多
82	255	萌芽期	M	
83	256	现果期	M	
84	257	果实发育期	M	d
85	258	落叶期	M	
86	259	授粉情况	O	1：有 2：无
87	260	繁殖特性	O	1：实生 2：硬枝扦插 3：绿枝扦插 4：嫁接 5：压条 6：组织培养 7：其他
88	261	生育期	O	

(续表)

序号	代号	描述符	描述符性质	单位或代码
89	301	果实大小	M	1：小 2：中 3：大
90	302	果形	M	1：球形 2：葫芦形 3：陀螺形 4：倒卵形 5：梨形 6：瓮形
91	303	果皮底色	M	1：黄 2：绿黄 3：黄绿 4：绿 5：黄绿条带 6：紫 7：黑
92	304	果皮盖色	M	1：无 2：黄 3：浅褐红 4：红紫 5：紫
93	305	果肉颜色	M	1：黄白 2：褐黄 3：粉红 4：紫 5：橙红 6：红 7：浅褐 8：深褐
94	306	风味	M	1：酸甜 2：甜 3：糯甜 4：浓甜
95	307	肉质	O	1：极软 2：软 3：较软 4：中
96	308	香味	O	1：无 2：淡 3：浓
97	309	出汁率	O	%
98	310	可溶性固形物含量	M	%
99	311	可溶性糖含量	O	%
100	312	总酸含量	O	%
101	313	维生素 C 含量	O	mg/100g
102	314	氨基酸含量	O	g/100g
103	315	粗纤维含量	O	%
104	316	果胶含量	O	g/kg
105	317	贮藏性	O	1：好 2：中 3：差
106	401	耐寒性（越冬性）	M	1：强 3：中 5：弱
107	402	耐涝性	O	1：极强 3：强 5：中 7：弱 9：极弱
108	403	耐旱性	O	1：极强 3：强 5：中 7：弱 9：极弱
109	501	锈病抗性	O	0：免疫 1：高抗 3：抗病 5：中抗 7：感病 9：高感

（续表）

序号	代号	描述符	描述符性质	单位或代码
110	502	炭疽病抗性	O	0：免疫　1：高抗　3：抗病 5：中抗　7：感病　9：高感
111	601	染色体数目	O	条
112	602	指纹图谱与分子标记	O	
113	603	备注	O	

3 无花果种质资源描述规范

3.1 范围

本规范规定了无花果种质资源的描述符及其分级标准。

本规范适用于无花果种质资源的收集、整理和保存，数据标准和数据质量控制规范的制定，以及数据库和信息共享网络系统的建立。

3.2 规范性引用文件

下列文件中的条款通过本规范的引用而成为本规范的条款。凡是注日期的引用文件，其随后所有的修改单（不包括勘误的内容）或修订版均不适用于本规范，然而，鼓励根据本规范达成协议的各方研究是否可使用这些文件的最新版本。凡是不注日期的引用文件，其最新版本适用于本规范。

ISO 3166　Codes for the Representation of Names of Countries

GB/T 2659.1　世界各国和地区及其行政区划名称代码　第1部分：国家和地区代码

GB/T 2260　中华人民共和国行政区划代码（含第1号修改单）

GB/T 12404　单位隶属关系代码

GB/T 26430　水果和蔬菜　形态学和结构学术语

NY/T 2587　植物新品种特异性、一致性和稳定性测试指南　无花果

3.3 术语和定义

3.3.1 无花果

无花果（*Ficus carisca* L.）是桑科（Moraceae）无花果属（亦称榕属）（*Ficus* L.）植物，多年生落叶灌木或小乔木至大乔木。主要有野生型和栽培类两种，其中栽培型又分为3个园艺类型：普通型、斯密尔那型、中间型。染色体数 $2n=2x=26$。其果可鲜食，加工果干、果汁、果酱和糕点等。

3.3.2 无花果种质资源

无花果野生资源、地方品种、选育品种、品系、遗传材料及其他等。

3.3.3 基本信息

无花果种质资源基本情况描述信息，包括全国统一编号、种质名称、学名、原产地、种质类型等信息。

3.3.4 形态特征和生物学特性

无花果种质资源的植物学形态、农艺性状、经济性状和物候期等特征特性。

3.3.5 品质特性

无花果种质资源品质特性包括外观品质、内在品质和贮藏品质。外观品质包括果实大小、果形、颜色、果肉颜色等；内在品质包括鲜食风味、肉质、香味、出汁率、可溶性固形物含量、可溶性糖含量、总酸含量、维生素 C 含量、氨基酸含量、粗纤维含量和果胶含量等；贮藏品质主要指耐贮性。

3.3.6 抗逆性

无花果种质资源对各种非生物胁迫的适应或抵抗能力，如耐寒性、耐旱性、耐涝性等。

3.3.7 抗病虫性

无花果种质资源对各种生物胁迫的适应或抵抗能力，如锈病抗性、炭疽病抗性等。

3.4 基本信息

3.4.1 全国统一编号

无花果种质的唯一标识号，无花果种质资源的全国统一编号，由"WHG"加 4 位顺序号组成的 7 位字符串，如"WHG0001"。

3.4.2 种质圃编号

无花果种质在种质资源保存圃中的编号。由种质资源圃编号加 4 位序号组成的 5 位字符串，如"A0101"。

3.4.3 引种号

无花果种质从国外引入时赋予的编号。

3.4.4 采集号

无花果种质在野外采集时赋予的编号。

3.4.5 种质名称

无花果种质的中文名称。

3.4.6 种质外文名

国外引进种质的外文名或国内种质的汉语拼音名。

3.4.7 科名
桑科（Moraceae）。

3.4.8 属名
无花果属（*Ficus* L.）。

3.4.9 学名
学名是无花果种质在植物分类学上的种名或变种名（*Ficus carisca* L.）。

3.4.10 原产国
无花果种质原产国家名称、地区名称或国际组织名称。

3.4.11 原产省
国内无花果种质原产省份名称；国外引进种质原产国家一级行政区的名称。

3.4.12 原产地
无花果种质的原产县、乡、村名称。

3.4.13 海拔
无花果种质原产地的海拔高度，单位为 m。

3.4.14 经度
无花果种质原产地的经度，单位为（°）和（′）。格式为 DDDFF，其中 D 为度，F 为分。

3.4.15 纬度
无花果种质原产地的纬度，单位为（°）和（′）。格式为 DDFF，其中 D 为度，F 为分。

3.4.16 来源地
国外引进无花果种质的来源国家名称、地区名称或国际组织名称；国内种质的来源省（自治区或直辖市）和县（县级市）名称。

3.4.17 保存单位
无花果种质提交国家种质圃前的保存单位名称。

3.4.18 保存单位编号
无花果种质在原保存单位赋予的种质编号。

3.4.19 保存资源类型
无花果种质保存类型分为 6 类。

  1 植株
  2 种子
  3 花粉
  4 培养物
  5 DNA
  6 其他

3.4.20 种质类型

无花果种质类型分为6类。

  1 野生资源
  2 地方品种
  3 选育品种
  4 品系
  5 遗传材料
  6 其他

3.4.21 用途

无花果种质资源果实的主要用途。

  1 鲜食
  2 鲜食兼制干
  3 制干
  4 药用
  5 其他

3.4.22 系谱

无花果选育品种（系）的亲缘关系。

3.4.23 选育单位

选育无花果品种（系）的单位名称或个人。

3.4.24 育成年份

无花果品种（系）培育成功的年份。

3.4.25 选育方法

无花果品种（系）的育种方法。

3.4.26 图像

无花果种质的图像文件名。图像格式为".jpg"。

3.4.27 观测地点

无花果种质形态特征、生物学特性和品质特性的观测地点的名称。

3.5 形态特征和生物学特性

3.5.1 树姿

无花果种质植株在自然生长条件下，枝条的生长方向、发枝角度等表现出的姿态（图1）。

  1 直立
  2 半直立

3　开张

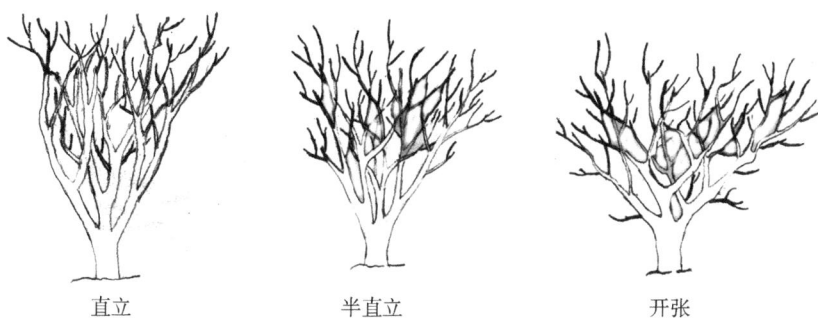

直立　　　　　半直立　　　　　开张

图1　树姿

3.5.2　二级分枝下垂

无花果种质植株的二级分枝枝条有无下垂（图2）。

1　无
2　有

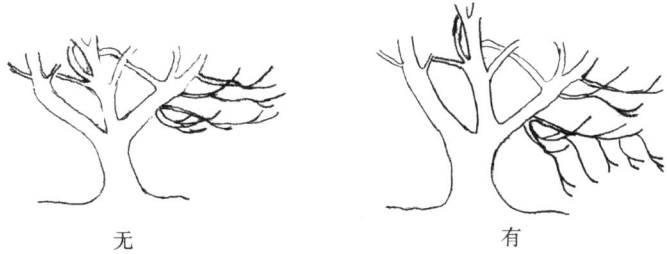

无　　　　　　　有

图2　树：二级分枝下垂

3.5.3　树势

无花果种质植株的生长势。

1　弱
2　中
3　强

3.5.4　基部徒长枝数量

无花果种质植株基部长出的徒长枝条。

1　少
2　中
3　多

3.5.5　分枝密度

无花果种质植株上长出的分枝的数量密集程度。

1　稀少
2　中等
3　密集

3.5.6　结瘤

无花果种质植株上，位于树干与老枝交叉位置的结块（图3）。

1　无
2　少
3　中
4　多

图3　结瘤

3.5.7　一年生枝颜色

无花果种质植株的一年生枝条中部向阳面的颜色。

1　橙
2　褐
3　灰褐
4　灰

3.5.8　一年生枝节间长

无花果种质植株的一年生枝条中部3个节间长度的平均值。

1　短
2　中
3　长

3.5.9　一年生枝节间数

无花果种质植株的一年生枝条的节间数量。

　　　　1　少
　　　　2　中
　　　　3　多

3.5.10　一年生枝皮孔形状

　　无花果种质植株的一年生枝条上皮孔的形状。

　　　　1　线形
　　　　2　椭圆形
　　　　3　圆形

3.5.11　一年生枝皮孔大小

　　无花果种质植株的一年生枝条上皮孔的大小。

　　　　1　小
　　　　2　中
　　　　3　大

3.5.12　一年生枝皮孔密度

　　无花果种质植株的一年生枝条上皮孔的密集程度。

　　　　1　稀
　　　　2　中
　　　　3　密

3.5.13　一年生枝顶芽形状

　　无花果种质植株一年生枝顶端芽的形状。

　　　　1　长三角形
　　　　2　三角形
　　　　3　短三角形

3.5.14　一年生枝顶芽颜色

　　无花果种质植株一年生枝顶端芽的颜色。

　　　　1　黄绿
　　　　2　橙
　　　　3　棕
　　　　4　灰褐
　　　　5　紫红

3.5.15　一年生枝顶芽大小

　　无花果种质植株一年生枝顶端芽的大小。

　　　　1　小
　　　　2　中
　　　　3　大

3.5.16 两年生枝形状

无花果种质植株两年生枝条的形状（图4）。

1　笔直
2　弯曲
3　S形弯曲

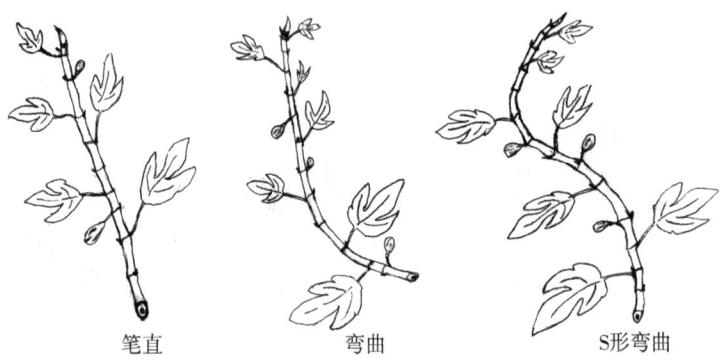

图4　两年生枝条形状

3.5.17 二年生枝潜伏芽隆起程度

无花果种质植株两年生枝潜伏芽的隆起程度（图5）。

1　弱
2　中
3　强

图5　潜伏芽隆起

3.5.18 叶裂刻类型

无花果种质植株的当年生枝中部成熟叶多数部分的裂刻类型（图6）。

1 无裂
2 三裂
3 五裂
4 七裂

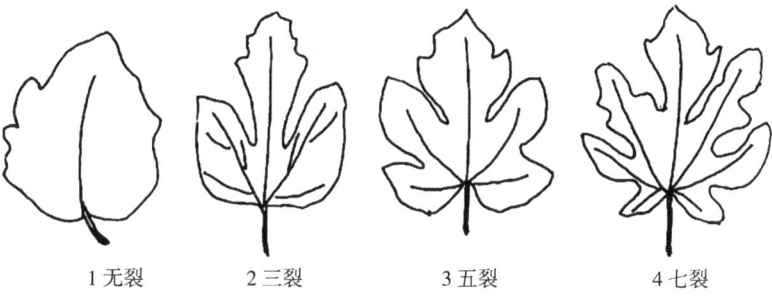

图 6 叶裂刻类型

3.5.19 无裂种质叶形

无裂种质的植株当年生枝中部成熟叶片的形状（图7）。

1 心形
2 三角形
3 披针形
4 椭圆形

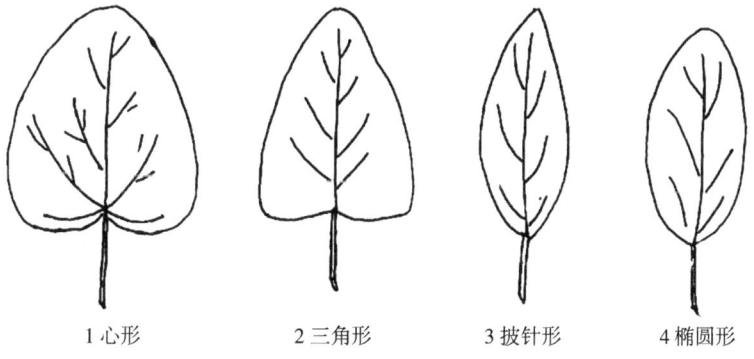

图 7 无裂种质叶形

3.5.20 有裂种质叶顶部裂片形

有裂种质的植株当年生枝中部成熟叶的顶部裂片的形状（图8）。

1 三角形
2 窄菱形
3 阔菱形

4　匙形
5　长匙形
6　大头羽裂形

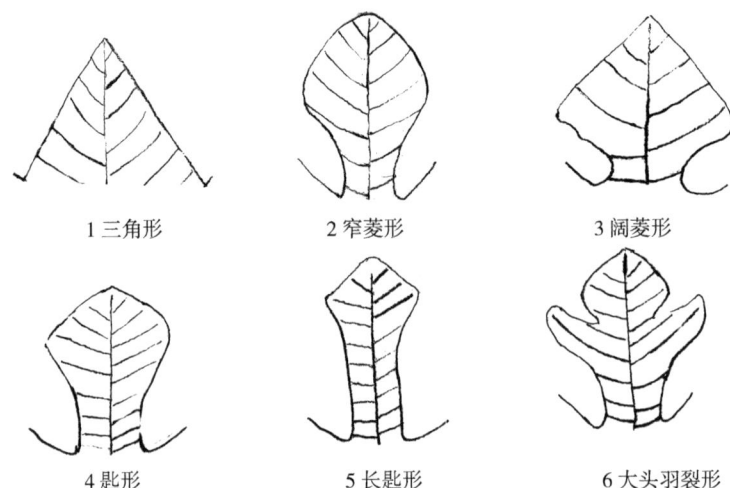

图8　有裂种质叶顶部裂片形状

3.5.21　有裂种质顶部裂片长与叶长的比率
有裂种质的植株当年生枝中部成熟叶片的顶部裂片长与叶长的比率。
1　小
2　中
3　大

3.5.22　有裂种质裂片二次裂刻
有裂种质的植株当年生枝中部成熟叶片的顶部裂片二次裂片情况。
1　无
2　浅
3　中
4　深

3.5.23　叶基部形状
无花果种质植株当年生枝中部成熟叶的叶基形状（图9）。
1　下弯
2　截形
3　心形
4　距状

图9 叶基部形状

3.5.24 叶长

无花果生长枝中部成熟叶的叶基部至顶端的长度（图10）。单位为cm。

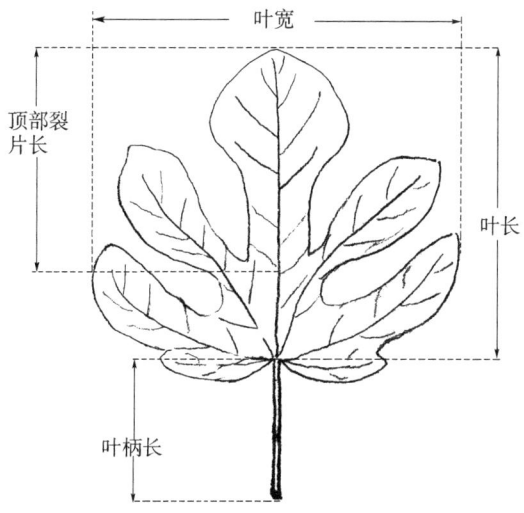

图10 叶长、叶宽、顶部裂片长和叶柄长

3.5.25 叶宽

无花果生长枝中部成熟叶的叶片最宽部位的宽度（图10）。单位为cm。

3.5.26 叶颜色

无花果成熟叶在夏季的颜色。

　　1　浅
　　2　中
　　3　深

3.5.27 叶背面茸毛

无花果叶背面的茸毛多少。

　　1　少
　　2　中
　　3　多

3.5.28 叶柄上基部侧叶有无

无花果叶柄上的基部有无侧叶（图11）。

1 无
2 有

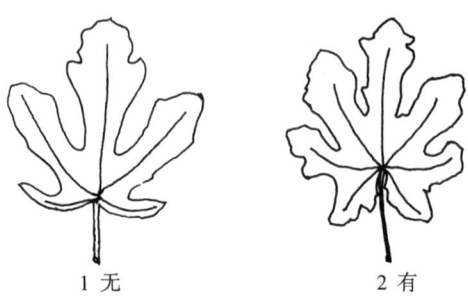

图 11 叶柄上基部侧叶有无

3.5.29 叶柄上基部侧叶大小

无花果叶柄上的基部侧叶的大小。

1 小
2 中
3 大

3.5.30 叶柄长

无花果生长枝中部成熟叶的叶柄长度（图10）。单位为cm。

3.5.31 叶柄颜色

无花果叶柄的颜色。

1 黄绿
2 浅绿
3 绿

3.5.32 无花果资源类型

基于授粉特性，无花果分为4个类型。普通型无花果不需要授粉就可以结果，斯密尔那型仅产生授粉的果实，中间型的资源产生单性结实和授粉两类果实，原生型的资源有雄花和短的雌花，产生三季果。我国生产上栽培的无花果皆为普通型。

1 普通型
2 斯密尔那型
3 中间型
4 原生型

3.5.33 普通型无花果的类别

根据结果习性将普通型无花果分为3种类型。着生在上年枝条上的果实在6—7月成熟，为夏果；在当年生枝条上长成的果实，在秋季成熟，为秋果。夏果多、秋果少或无的种质为夏果型，夏果少、秋果多的种质为秋果型，夏秋果都多的种质为夏秋果兼用型。

1　夏果型
2　秋果型
3　夏秋果兼用型

3.5.34 单株果实数量

整株无花果种质盛果期植株产果实的数量。

1　少
2　中
3　多

3.5.35 果柄与枝条附着程度

所结果实的果柄与枝条的附着程度。

1　弱
2　中
3　强

3.5.36 果实纵径

成熟时果实纵向的长度（图12）。单位为cm。

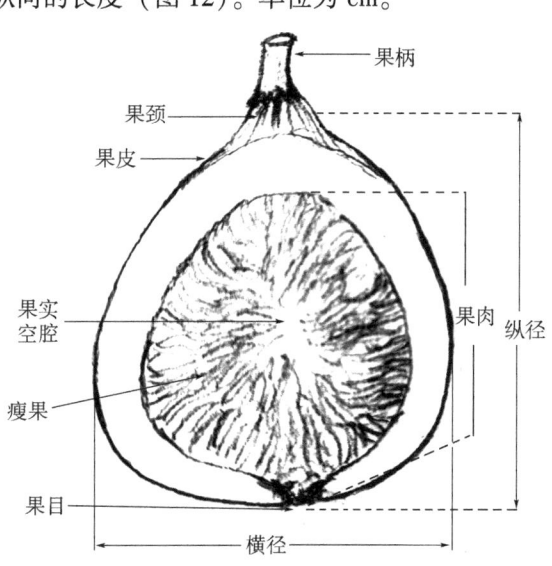

图12　无花果果实纵剖面图

3.5.37 果实横径
成熟时果实横向的宽度（图12）。单位cm。

3.5.38 单果重
果实成熟时单个果实的质量。单位为g。

3.5.39 果颈
成熟果实的上部到果柄底部的部分。
  1 无或极短
  2 短
  3 中
  4 长

3.5.40 果目大小
成熟果实顶端果孔的大小。
  1 小
  2 中
  3 大

3.5.41 果柄长
成熟果实的果柄长度（图13）。
  1 短
  2 中
  3 长

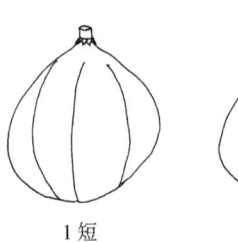  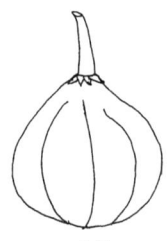

1短   2中   3长

图13 果柄长

3.5.42 果点密度
成熟果实上果点的密度（图14）。
  1 稀
  2 中
  3 密

 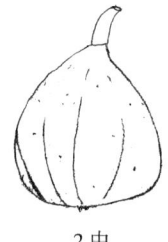 

1 稀　　　　　　2 中　　　　　　3 密

图 14　果点密度

3.5.43　果斑

成熟果实上有无果斑。

　　1　无
　　2　有

3.5.44　果脉

成熟果实上的果脉情况。

　　1　无或不明显
　　2　较明显
　　3　明显

3.5.45　果皮裂果性

成熟果实裂果情况（图 15）。

　　1　无裂
　　2　横裂
　　3　纵裂

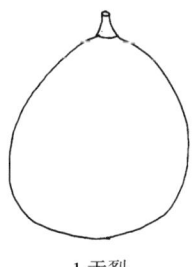  

1 无裂　　　　　　2 横裂　　　　　　3 纵裂

图 15　果皮裂果性

3.5.46　果目周围裂果性

成熟果实果目周围是否开裂（图 16）。

　　1　无

2　有

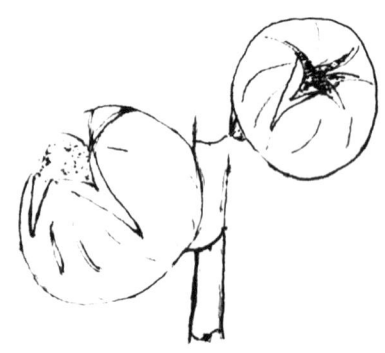

图 16　果目周围裂果性

3.5.47　剥皮难易程度

成熟果实剥皮难易情况。

1　易
2　中
3　难

3.5.48　空腔大小

成熟果实中间空腔的大小情况。

1　无或极小
2　小
3　中
4　大

3.5.49　果皮抗划伤性

成熟果实果皮抗划伤的强弱。

1　弱
2　中
3　强

3.5.50　瘦果数量

成熟果实中瘦果的数量多少。

1　少
2　中
3　多

3.5.51　瘦果大小

成熟果实中瘦果的大小。

    1   小
    2   中
    3   大

3.5.52 始熟期

全树10%的果实成熟的日期（果实大小、形状、颜色等表现出该种质成熟果固有的性状。如皮色、瘦果颜色，硬度和糖度水平等相对稳定），以"年月日"表示，格式"YYYYMMDD"。

3.5.53 末熟期

全树90%的果实成熟的日期（果实出现该种质成熟果固有的皮色、瘦果颜色，硬度和糖度水平等相对稳定），以"年月日"表示，格式"YYYYMMDD"。

3.5.54 畸形果数量

果实出现畸形果实的数量情况（图17）。

    1   无或少
    2   中
    3   多

图17 畸形果实

3.5.55 萌芽期

全树25%芽萌动的日期，以"年月日"表示，格式"YYYYMMDD"。

3.5.56 现果期

无花果全树10%幼果开始明显膨大的时期，以"年月日"表示，格式"YYYYMMDD"。

3.5.57 果实发育期

果实从开始现果到果实成熟期的时间，单位为d。

3.5.58 落叶期

全树25%正常叶脱落的日期，以"年月日"表示，格式"YYYYMMDD"。

3.5.59 授粉情况

观察果实有无授粉情况。

    1   无
    2   有

3.5.60 繁殖特性

无花果种质资源植株繁育的方法。

    1   实生
    2   硬枝扦插
    3   绿枝扦插
    4   嫁接
    5   压条
    6   组织培养
    7   其他

3.5.61 生育期

从萌芽期至落叶期的时间，单位为 d。

3.6 品质特性

3.6.1 果实大小

所结果实的大小。

    1   小
    2   中
    3   大

3.6.2 果形

成熟果实的形状（图 18）。

    1   球形
    2   葫芦形
    3   陀螺形
    4   倒卵形
    5   梨形
    6   瓮形

3.6.3 果皮底色

成熟果实果皮的底色。对于纯色品种，果皮底色即是果皮颜色。

    1   黄
    2   绿黄

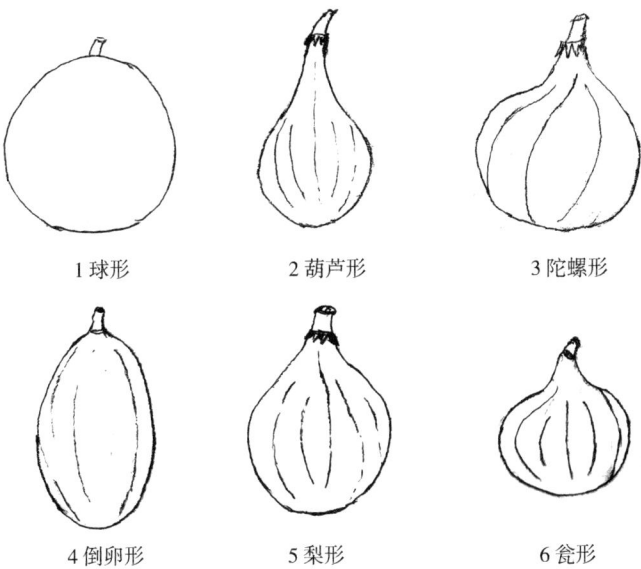

图18 果形

3　黄绿
4　绿
5　黄绿条带
6　紫
7　黑

3.6.4 果皮盖色

成熟果实因着色果皮上覆盖的颜色。

1　无
2　黄
4　浅褐红
5　红紫
5　紫

3.6.5 果肉颜色

成熟果实果肉的颜色。

1　黄白
2　褐黄
3　粉红
4　紫

5　橙红

　　6　红

　　7　浅褐

　　8　深褐

3.6.6　风味

成熟果实食用时的风味。

　　1　酸甜

　　2　甜

　　3　糯甜

　　4　浓甜

3.6.7　肉质

成熟果实果肉的软硬。

　　1　极软

　　2　软

　　3　较软

　　4　中

3.6.8　香味

成熟果实香味的浓淡情况。

　　1　无

　　2　淡

　　3　浓

3.6.9　出汁率

成熟果实果肉的出汁率，以%表示。

3.6.10　可溶性固形物含量

果实达到食用成熟度时，果汁的可溶性固形物含量，以%表示。

3.6.11　可溶性糖含量

果实达到食用成熟度时，果汁的可溶性糖含量，以%表示。

3.6.12　总酸含量

果实达到食用成熟度时，果汁的总酸含量，以%表示。

3.6.13　维生素 C 含量

果实达到食用成熟度时，100g 鲜果所含维生素 C 的毫克数，单位为 mg/100g。

3.6.14　氨基酸含量

果实达到食用成熟度时，100g 鲜果所含氨基酸的克数，单位为 g/100g。

3.6.15　粗纤维含量

果实达到食用成熟度时，粗纤维在鲜果总质量的比例，以%表示。

3.6.16 果胶含量

果实达到食用成熟度时，1kg鲜果的所含果胶的克数，单位为g/kg。

3.6.17 贮藏性

无花果商品果实在一定期限内和一定贮藏条件下，其外观和食用品质能够基本保持不变的特性。

1　好
2　中
3　差

3.7 抗逆性

3.7.1 耐寒性

无花果种质植株忍受低温的能力。

1　强
3　中
5　弱

3.7.2 耐涝性

无花果种质植株忍受多湿水涝的能力。

1　极强
3　强
5　中
7　弱
9　极弱

3.7.3 耐旱性

无花果种质植株忍受干旱的能力。

1　极强
3　强
5　中
7　弱
9　极弱

3.8 抗病虫性

3.8.1 锈病抗性

无花果种质对锈病抗性的强弱。

0 免疫
1 高抗
3 抗病
5 中抗
7 感病
9 高感

3.8.2 炭疽病抗性

无花果种质对炭疽病抗性的强弱。

0 免疫
1 高抗
3 抗病
5 中抗
7 感病
9 高感

3.9 其他特征特性

3.9.1 染色体数目

用常规压片或涂片法观察根尖或茎尖细胞的染色体数目。单位为条。

3.9.2 分子标记

对进行过指纹图谱分析或重要性状分子标记的无花果种质，记录指纹图谱或分子标记的方法，并注明所用引物、特征带的分子大小或序列以及标记的性状和连锁距离。

3.9.3 备注

无花果种质特殊描述符或特殊代码的具体说明。

4 无花果种质资源数据标准

序号	代号	描述符	字段名	字段英文名	字段类型	字段长度	字段小位数	单位	代码	代码英文名	例子
1	101	全国统一编号	统一编号	Accession number	C	7					WHG0001
2	102	种质圃编号	圃编号	Field genebank number	C	5					A0101
3	103	引种号	引种号	Introduction number	C	8					20130001
4	104	采集号	采集号	Collecting number	C	10					
5	105	种质名称	种质名称	Accession name	C	30					芭劳奈
6	106	种质外文名	种质外文名	Alier name	C	40					Banana
7	107	科名	科名	Family	C	30					Moraceae（桑科）
8	108	属名	属名	Genus	C	40					*Ficus* L.（无花果属）
9	109	学名	学名	Species	C	50					*Ficus carica* L.（无花果）
10	110	原产国	原产国	Country of origin	C	16					法国

(续表)

序号	代号	描述符	字段名	字段英文名	字段类型	字段长度	字段小位数	单位	代码	代码英文名	例子
11	111	原产省	原产省	Province of origin	C	10					不详
12	112	原产地	原产地	Origin	C	20					不详
13	113	海拔	海拔	Elevation	N	5	0	m			不详
14	114	经度	经度	Longitude	N	6	0				不详
15	115	纬度	纬度	Latitude	N	5	0				不详
16	116	来源地	来源地	Sample source	C	20					日本
17	117	保存单位	保存单位	Donor institude	C	40					中国农业科学院郑州果树研究所
18	118	保存单位编号	保存单位编号	Donor accession number	C	10					JSXYW01
19	119	保存资源类型	保存资源类型	Type of conserved resources	C	6			1: 植株 2: 种子 3: 花粉 4: 培养物 5: DNA 6: 其他	1: Plant 2: Seed 3: Pollen 4: Cullured tisssues 5: DNA 6: Other	植株
20	120	种质类型	种质类型	Biological status of accession	C	8			1: 野生资源 2: 地方品种 3: 选育品种 4: 品系 5: 遗传材料 6: 其他	1: Wild 2: Landrace 3: Improved cultivar 4: Breeding lines 5: Genetic stocks 6: Other	选育品种

4 无花果种质资源数据标准

(续表)

序号	代号	描述符	字段名	字段英文名	字段类型	字段长度	字段小位数	单位	代码	代码英文名	例子
21	121	用途	用途	Use	C	10			1：鲜食 2：鲜食兼制干 3：制干 4：药用 5：其他	1：Fresh 2：Fresh and processing 3：Processing 4：Medicine 5：Other	鲜食兼制干
22	122	系谱	系谱	Pedigree	C	50					不详
23	123	选育单位	选育单位	Breeding institute	C	30					不详
24	124	育成年份	育成年份	Releasing year	N	4					不详
25	125	选育方法	选育方法	Breeding methods	C	8					不详
26	126	图像	图像	Image file name	C	30					WHG0001.jpg
27	127	观测地点	观测地点	Observation location	C	30					河南省郑州市
28	201	树姿	树姿	Tree habit	C	6			1：直立 2：半直立 3：开张	1：Upright 2：Semi-upright 3：Spreading	半直立
29	202	二级分枝下垂	二级分枝下垂	Weeping of secondary shoots	C	2			1：无 2：有	1：Absent 2：Present	无
30	203	树势	树势	Tree vigor	C	4			1：弱 2：中 3：强	1：Weak 2：Medium 3：Strong	中

· 33 ·

(续表)

序号	代号	描述符	字段名	字段英文名	字段类型	字段长度	字段小位数	单位	代码	代码英文名	例子
31	204	基部徒长枝数量	基部徒长枝数量	Number of base growing water sprout	C	2			1：少 2：中 3：多	1: Few 2: Medium 3: Many	少
32	205	分枝密度	分枝密度	Branching density	C	4			1：稀少 2：中等 3：密集	1: Sparse 2: Medium 3: Dense	中等
33	206	结瘤	结瘤	Bark tubers	C	2			1：无 2：少 3：中 4：多	1: Absent 2: Few 3: Medium 4: Many	少
34	207	一年生枝皮色	一年生枝皮色	One year old branch color	C	4			1：橙 2：褐 3：灰褐 4：灰	1: Orange 2: Brown 3: Grey brown 4: Grey	褐
35	208	一年生枝节间长	节间长	Internodes length	C	2			1：短 2：中 3：长	1: Short 2: Medium 3: Long	短
36	209	一年生枝节间数	节间数	Internodes number	C	2			1：少 2：中 3：多	1: Few 2: Medium 3: Many	中
37	210	一年生枝皮孔形状	皮孔形状	Lenticel shape	C	6			1：线形 2：椭圆形 3：圆形	1: Line 2: Elliptic 3: Round	椭圆形

(续表)

序号	代号	描述符	字段名	字段英文名	字段类型	字段长度	字段小位数	单位	代码	代码英文名	例子
38	211	一年生枝皮孔大小	皮孔大小	Lenticel size	C	2			1: 小 2: 中 3: 大	1: Small 2: Medium 3: Large	中
39	212	一年生枝皮孔密度	皮孔密度	Density of lenticels	C	2			1: 稀 2: 中 3: 密	1: Sparse 2: Medium 3: Dense	稀
40	213	一年生枝顶芽形状	顶芽形状	Shape of terminal bud	C	8			1: 长三角形 2: 三角形 3: 短三角形	1: Long triangular 2: Triangular 3: Short triangular	长三角形
41	214	一年生枝顶芽颜色	顶芽颜色	Color of terminal bud	C	4			1: 黄绿 2: 橙 3: 棕 4: 灰褐 5: 紫红	1: Yellow green 2: Orange 3: Brown 4: Grey brown 5: Purple red	黄绿
42	215	一年生枝顶芽大小	顶芽大小	Terminal bud size	C	2			1: 小 2: 中 3: 大	1: Small 2: Medium 3: Large	中
43	216	两年生枝形状	两年生枝形状	Biennial branch shape	C	8			1: 笔直 2: 弯曲 3: S形弯曲	1: Straight 2: Curved 3: Sinuous	弯曲

(续表)

序号	代号	描述符	字段名	字段英文名	字段类型	字段长度	字段小位数	单位	代码	代码英文名	例子
44	217	两年生枝潜伏芽隆起程度	潜伏芽隆起程度	Latent bud bulge degree	C	2			1: 弱 2: 中 3: 强	1: Small 2: Medium 3: Large	中
45	218	叶裂刻类型	叶裂刻类型	Blade crack type	C	4			1: 无裂 2: 三裂 3: 五裂 4: 七裂	1: Entire 2: Three-lobed 3: Five-lobed 4: Seven-lobed	五裂
46	219	无裂种质叶形	无裂种质叶形	Leaf shape of crackless varieties	C	6			1: 心形 2: 三角形 3: 披针形 4: 椭圆形	1: Cordate 2: Triangular 3: Lanceolate 4: Elliptic	—
47	220	有裂种质叶片顶部裂形形状	叶顶部裂片形状	Shape of leaf blade apical lobe	C	10			1: 三角形 2: 窄菱形 3: 阔菱形 4: 匙形 5: 长匙形 6: 大头羽裂形	1: Triangular 2: Narrow rhombic 3: Broad rhombic 4: Spatulate 5: Spoon-shaped 6: Lyrate	长匙形
48	221	有裂种质顶部裂片长与叶长的比率	顶部裂片长与叶长比率	Ratio of length of leaf blade apical lobe /length of leaf blade	C	2			1: 小 2: 中 3: 大	1: Small 2: Medium 3: Large	大

4 无花果种质资源数据标准

（续表）

序号	代号	描述符	字段名	字段英文名	字段类型	字段长度	字段小位数	单位	代码	代码英文名	例子
49	222	有裂种质裂片二次裂刻	顶部裂片二次裂刻	Second split of leaf blade apical lobe	C	2			1：无 2：浅 3：中 4：深	1: Absent 2: Light 3: Medium 4: Dark	无
50	223	叶基部形状	叶基部形状	Leaf bases shape	C	4			1：下弯 2：截形 3：心形 4：距状	1: Decurrent 2: Truncate 3: Cordate 4: Calcarate	距状
51	224	叶长	叶长	Leaf length	N	4	1	cm			17.9
52	225	叶宽	叶宽	Leaf width	N	4	1	cm			18.8
53	226	叶颜色	叶颜色	Leaf color	C	4			1：浅绿 2：绿 3：深绿	1: Light green 2: Green 3: Dark green	深绿
54	227	叶背面茸毛	叶背面茸毛	Leaf blade back hairy	C	2			1：少 2：中 3：多	1: Few 2: Medium 3: Many	中
55	228	叶柄上基部侧叶	叶柄上基部侧叶	Basal lateral lobes on petiole sinus	C	2			1：无 2：有	1: Absent 2: Present	无
56	229	叶柄上基部侧叶大小	叶柄上基部侧叶大小	Size of basal lateral lobes on petiole sinus	C	2			1：小 2：中 3：大	1: Small 2: Medium 3: Large	小

无花果种质资源描述规范和数据标准

（续表）

序号	代号	描述符	字段英文名	字段类型	字段长度	字段小位数	单位	代码	代码英文名	例子
57	230	叶柄长	Petiole length	N	4	1	cm			9.2
58	231	叶柄颜色	Petiole color	C	4			1: 黄绿 2: 浅绿 3: 绿	1: Yellow green 2: Light green 3: Green	浅绿
59	232	无花果分类	Productive type	C	10			1: 普通型 2: 斯密尔那型 3: 中间型 4: 原生型	1: Common 2: Smyrna 3: San Pedro 4: Caprifig	普通型
60	233	普通型无花果的类别	Type of Common	C	12			1: 夏果型 2: 秋果型 3: 夏秋果兼用型	1: First crop 2: Main crop 3: First crop and main crop	夏秋兼用型
61	234	单株果实数量	Number of fruits	C	2			1: 少 2: 中 3: 多	1: Few 2: Medium 3: Many	多
62	235	果柄与枝条附着程度	Attachment degree of stalk to stem	C	2			1: 弱 2: 中 3: 强	1: Weak 2: Medium 3: Strong	中

(续表)

序号	代号	描述符	字段名	字段英文名	字段类型	字段长度	字段小位数	单位	代码	代码英文名	例子
63	236	果实纵径	果实纵径（夏果）	Fruit longitudinal diameter (First crop)	N	4	1	cm			11.0
			果实纵径（秋果）	Fruit longitudinal diameter (Second crop)	N	4	1	cm			5.6
64	237	果实横径	果实横径（夏果）	Fruit diameter (First crop)	N	4	1	cm			6.4
			果实横径（秋果）	Fruit diameter (Second crop)	N	4	1	cm			4.8
65	238	单果重	单果重（夏果）	Fruit weight (First crop)	N	3	0	g			163
			单果重（秋果）	Fruit weight (Second crop)	N	3	0	g			56
66	239	果颈	果颈（夏果）	Fruit neck (First crop)	C	2			1：短 2：中 3：长	1: Short 2: Medium 3: Long	长
			果颈（秋果）	Fruit neck (Second crop)	C	2			1：短 2：中 3：长	1: Short 2: Medium 3: Long	中

(续表)

序号	代号	描述符	字段名	字段英文名	字段类型	字段长度	字段小位数	单位	代码	代码英文名	例子
67	240	果目大小	果目大小	Ostiole size	C	2			1: 小 2: 中 3: 大	1: Small 2: Medium 3: Large	小
68	241	果柄长	果柄长	Fruit stalk length	C	2			1: 短 2: 中 3: 长	1: Short 2: Medium 3: Long	长
69	242	密度	果点密度	Density of fruit dots	C	2			1: 稀 2: 中 3: 密	1: Sparse 2: Medium 3: Dense	稀
70	243	果斑	果斑	Fruit blotch	C	2			1: 无 2: 有	1: Absent 2: Present	无
71	244	果脉	果脉	Fruit vein	C	6			1: 无 2: 较明显 3: 明显	1: Absent 2: Medium 3: Strong	较明显
72	245	果皮裂果性	果皮裂果性	Cracking of skin	C	4			1: 无裂 2: 横裂 3: 纵裂	1: Absent 2: Lateral cracking 3: Longitudinal cracking	纵裂
73	246	果目周围裂果性	果目周围裂果性	Cracking around ostiole	C	2			1: 无 2: 有	1: Absent 2: Present	有

(续表)

序号	代号	描述符	字段名	字段英文名	字段类型	字段长度	字段小位数	单位	代码	代码英文名	例子
74	247	剥皮难易程度	剥皮难易程度	Ease of peeling	C	2			1: 易 2: 中 3: 难	1: Easy 2: Medium 3: Difficult	易
75	248	空腔大小	空腔大小	Internal cavity	C	2			1: 小 2: 中 3: 大	1: Small 2: Medium 3: Large	小
76	249	果皮抗划性	果皮抗划性	Scratch resistance of skin	C	2			1: 弱 2: 中 3: 强	1: Weak 2: Medium 3: Strong	弱
77	250	瘦果数量	瘦果数量	Number of achenes	C	2			1: 少 2: 中 3: 多	1: Few 2: Medium 3: Many	多
78	251	瘦果大小	瘦果大小	Size of achenes	C	2			1: 小 2: 中 3: 大	1: Small 2: Medium 3: Large	中
79	252	始熟期	始熟期（夏果）	Beginning date of ripening (First fruit)	D	8					20200615
			始熟期（秋果）	Beginning date of ripening (Second fruit)							20200803

(续表)

序号	代号	描述符	字段名	字段英文名	字段类型	字段长度	字段小位数	单位	代码	代码英文名	例子
80	253	末熟期	末熟期（夏果）	Date of fruit maturity (First fruit)	D	8					20200720
			末熟期（秋果）	Date of fruit maturity (Second fruit)							20201115
81	254	畸形果数量	畸形果数量	Number of abnormal fruit	C	2			1: 少 2: 中 3: 多	1: Few 2: Medium 3: Many	少
82	255	萌芽期	萌芽期	Date of sprouting	D	8					20200320
83	256	现果期	现果期（夏果）	Fruiting period (First fruit)	D	8					20200320
			现果期（秋果）	Fruiting period (Second fruit)	D	8					20200514
84	257	果实发育期	果实发育期（夏果）	Period of fruit growth (First fruit)	N	3	0	d			85
			果实发育期（秋果）	Period of fruit growth (Second fruit)	N	3	0	d			79
85	258	落叶期	落叶期	Date of defoliation	D	8					20201029
86	259	授粉情况	授粉情况	Pollination	C	2			1: 无 2: 有	1: Absent 2: Present	无

4 无花果种质资源数据标准

（续表）

序号	代号	描述符	字段名	字段英文名	字段类型	字段长度	字段小位数	单位	代码	代码英文名	例子
87	260	繁殖特性	繁殖特性	Propagation method	C	12			1: 实生 2: 硬枝扦插 3: 绿枝扦插 4: 嫁接 5: 压条 6: 组织培养 7: 其他	1: Seedling 2: Hardwood cutting 3: Softwood cutting 4: Graft 5: Layer 6: Tissue culture 7: Other	硬枝扦插
88	261	生育期	生育期	Period of growing duration	N	3	0	d			228
89	301	果实大小	果实大小	Fruit size	C	2			1: 小 2: 中 3: 大	1: Small 2: Medium 3: Large	大（夏果） 中（秋果）
90	302	果形	果形	Fruit shape	C	6			1: 球形 2: 葫芦形 3: 陀螺形 4: 倒卵形 5: 梨形 6: 瓮形	1: Spherical 2: Cucurbit Shaped 3: Turbinate 4: Ovoidal 5: Pyriform 6: Urceolate	葫芦形
91	303	果皮底色	果皮底色	Ground color of skin	C	8			1: 黄 2: 绿黄 3: 黄绿 4: 绿 5: 黄绿条带 6: 紫 7: 黑	1: Yellow 2: Green yellow 3: Yellow green 4: Green 5: Yellow and green bands 6: Purple 7: Black	黄绿

(续表)

序号	代号	描述符	字段名	字段英文名	字段类型	字段长度	字段小位数	单位	代码	代码英文名	例子
92	304	果皮盖色	果皮盖色	Overcolor of skin	C	6			1: 无 2: 黄 3: 浅褐红 4: 红紫 5: 紫	1: None 2: Yellow 3: Light brown red 4: Red purple 5: Purple	红紫
93	305	果肉颜色	果肉颜色	Flesh color	C	4			1: 黄白 2: 褐黄 3: 粉红 4: 紫 5: 橙红 6: 红 7: 浅褐 8: 深褐	1: Yellow white 2: Brown yellow 3: Pink 4: Purple 5: Orange red 6: Red 7: Light brown 8: Dark brown	粉红
94	306	风味	鲜食风味	Fruit flavor	C	4			1: 酸甜 2: 甜 3: 糯甜 4: 浓甜	1: Sweet-acid 2: Sweet 3: Sticky-sweet 4: Thick sweet	甜
95	307	肉质	肉质	Flesh texture	C	2			1: 极软 2: 软 3: 较软 4: 中	1: Extremely soft 2: Soft 3: Softer 4: Intermediate	软
96	308	香味	果实香味	Fruit aroma	C	2			1: 无 2: 淡 3: 浓	1: Absent 2: Weak 3: Strong	浓

4 无花果种质资源数据标准

(续表)

序号	代号	描述符	字段名	字段英文名	字段类型	字段长度	字段小位数	单位	代码	代码英文名	例子
97	309	出汁率	果实出汁率	Juiciness	N	4	1	%			70.0
98	310	可溶性固形物含量	固形物	Soluble solid content	N	4	1	%			21.0
99	311	可溶性糖含量	可溶性糖	Soluble sugar content	N	4	2	%			16.42
100	312	总酸含量	总酸	Titratable acid content	N	4	2	%			0.11
101	313	维生素C含量	维生素C	V$_C$ content	N	4	1	mg/100g			3.9
102	314	氨基酸含量	氨基酸	Amino acid content	N	4	2	g/100g			0.51
103	315	粗纤维含量	粗纤维	Coarse fibre content	N	4	1	%			1.2
104	316	果胶含量	果胶	Pectin content	N	5	2	g/kg			5.01
105	317	贮藏性	贮藏性	Storage	C	2			1: 好 2: 中 3: 差	1: Good 2: Middle 3: Poor	差
106	401	耐寒性	耐寒性	Cold tolerance	C	2			1: 强 3: 中 5: 弱	1: Strong 3: Intermediate 5: Weak	中

(续表)

序号	代号	描述符	字段名	字段英文名	字段类型	字段长度	小位数	单位	代码	代码英文名	例子
107	402	耐涝性	耐涝性	Tolerance to water-logging	C	4			1: 极强 3: 强 5: 中 7: 弱 9: 极弱	1: Extremely strong 3: Strong 5: Intermediate 7: Weak 9: Extremely weak	较强
108	403	耐旱性	耐旱性	Tolerance to drought	C	4			1: 极强 3: 强 5: 中 7: 弱 9: 极弱	1: Extremely strong 3: Strong 5: Intermediate 7: Weak 9: Extremely weak	强
109	501	锈病抗性	锈病抗性	Resistance to rust	C	4			0: 免疫 1: 高抗 3: 抗病 5: 中抗 7: 感病 9: 高感	0: Immune 1: High resistant 3: Resistant 5: Moderate resistant 7: Susceptive 9: High susceptive	抗病
110	502	炭疽病抗性	炭疽病抗性	Resistance of anthracnose	C	4			0: 免疫 1: 高抗 3: 抗病 5: 中抗 7: 感病 9: 高感	0: Immune 1: High resistant 3: Resistant 5: Moderate resistant 7: Susceptive 9: High susceptive	抗病
111	601	染色体数目	染色体数目	Chromosome number	N	20	0	条			$2n=2x=26$
112	602	分子标记	分子标记	Molecular marker	C	40					
113	603	备注	备注	Remarks	C	30					

5 无花果种质资源数据质量控制规范

5.1 范围

本规范规定了无花果种质资源数据采集过程中的质量控制内容和方法。

本规范适用于无花果种质资源的整理、整合和共享。

5.2 规范性引用文件

下列文件中的条款通过本规范的引用而成为本规范的条款。凡是注日期的引用文件，其随后所有的修改单（不包括勘误的内容）或修订版均不适用于本规范，然而，鼓励根据本规范达成协议的各方研究是否可使用这些文件的最新版本。凡是不注日期的引用文件，其最新版本适用于本规范。

ISO 3166　Codes for the Representation of Names of Countries

GB/T 2659.1　世界各国和地区及其行政区划名称代码　第1部分：国家和地区代码

　　GB/T 2260　中华人民共和国行政区划代码（含第1号修改单）

　　GB/T 12404　单位隶属关系代码

　　GB/T 17980　农药田间药效试验准则

　　NY/T 2587　植物新品种特异性、一致性和稳定性测试指南　无花果

　　NY/T 2637　水果和蔬菜可溶性固形物含量的测定　折射仪法

　　NY/T 2742　水果及制品可溶性糖的测定　3,5-二硝基水杨酸比色法

　　GB 12456　食品安全国家标准　食品中总酸的测定

　　GB 5009.86　食品安全国家标准　食品中抗坏血酸的测定

　　GB 5009.124　食品安全国家标准　食品中氨基酸的测定

　　GB/T 5009.10　植物类食品中粗纤维的测定

　　NY/T 2016　水果及其制品中果胶含量的测定　分光光度法

　　GB/T 10220　感官分析　方法学　总论

　　NY/T 4020　无花果苗木

5.3 数据质量控制的基本方法

5.3.1 形态特征和生物学特性鉴定条件

5.3.1.1 鉴定地点

鉴定地点的气候和生态条件应能够满足无花果种质植株的正常生长及其性状的正常表达。

5.3.1.2 鉴定时间

根据无花果的生长特点,果实、花、叶、树体等性状应在盛果期鉴定。可结合鉴定项目的要求,确定最佳的鉴定时间。

5.3.1.3 鉴定株数

鉴定株数一般不少于3株。抗性鉴定根据具体方法而定。

5.3.2 数据采集

形态特征和生物学特性观测试验原始数据的采集应在种质植株正常生长情况下获得。品质特性、形态特征和生物学特性应连续采集2年以上数据,早果性状应在初果期获取。如遇自然灾害等因素严重影响植株正常生长,应重新进行观测和数据采集。

5.3.3 鉴定数据统计分析和校验

每份种质的形态特征、生物学特性和品质特性等观测数据依据对照品种进行校验。根据2年以上的观测校验值,计算每份种质性状的平均值、变异系数和标准差,并进行方差分析,判断试验结果的稳定性和可靠性。取校验值的平均值作为该种质的性状值。

5.4 基本信息

5.4.1 全国统一编号

全国统一编号是由"WHG"加4位顺序号组成的7位字符串,如"WHG0001"其中"WHG"为无花果的汉语拼音缩写,代表"无花果种质",后4位顺序号从"0001"到"9999",代表具体无花果种质的编号。全国统一编号具有唯一性。

5.4.2 种质圃编号

种质圃编号是指每份无花果种质入国家无花果种植圃后,该份资源在圃内具有的唯一种质编号。无花果种质在圃内编号由5位字符串组成,A、B、C等大写字母代表A区、B区等,后面为某种质在圃内的逐行号。例如,A0101即为"A区第1行第1株"。

5.4.3 引种号

引种号是由年份加4位顺序号组成的8位字符串，如"20130026"，前4位表示种质从境外引进年份为2013年，后4位"0026"为顺序号，从"0001"到"9999"。每份引进种质具有唯一的引种号。

5.4.4 采集号

无花果种质在野外采集时赋予的编号，由年份加省（区、市）代号加顺序号组成。如"2013320002"，前4位表示种质采集年份为2013年，"32"表示该种质采集自江苏省，后4位"0002"为顺序号，从"0001"到"9999"。省（市、区）代号遵照GB/T 2260。

5.4.5 种质名称

国内种质的原始名称和国外引进种质的中文译名，如果有多个名称，可以放在英文括号内，用英文逗号分隔，如"种质名称1（种质名称2，种质名称3）"。国外引进种质如果没有中文译名，可以直接填写种质的外文名。

5.4.6 种质外文名

国外引进无花果种质的外文名和国内无花果种质的汉语拼音名。每个汉字的汉语拼音之间空一格，每个汉字汉语拼音的首字母大写，如"Zi Bao"。国外引进种质的外文名应注意大小写和空格。

5.4.7 科名

科名由拉丁名加英文括号内的中文名组成，即"Moraceae（桑科）"。如没有中文名，直接填写拉丁名。

5.4.8 属名

属名由拉丁名加英文括号内的中文名组成，即"*Ficus*（无花果属）"。如没有中文名，直接填写拉丁名。

5.4.9 学名

学名用拉丁名加英义括号内的中文名组成，即：种质资源在植物分类学上属名与种名的统称。如 *Ficus carica* L.（无花果）。如没有中文名，直接填写拉丁名。

5.4.10 原产国

无花果种质原产国家名称、地区名称或国际组织名称。国家和地区名称参照ISO 3166和GB/T 2659，如该国家已不存在，应在原国家名称前加"原"，如"原苏联"。国际组织名称用该组织的外文缩写，如"IPGRI"。

5.4.11 原产省

无花果种质原产省份名称，省份名称参照GB/T 2260，国外引进种质原产省用原产国家一级行政区的名称。

5.4.12 原产地
无花果种质原产县、乡、村名称。县名参照 GB/T 2260。

5.4.13 海拔
无花果种质原产地的海拔高度，单位为 m。

5.4.14 经度
无花果种质原产地的经度，单位为度和分。格式为 DDDFF，其中 D 为度，F 为分。东经为正值，西经为负值，例如，"4330"代表东经 43°30′，"-10310"代表西经 103°10′。

5.4.15 纬度
无花果种质原产地的纬度，单位为度和分。格式为 DDFF，其中 D 为度，F 为分。北纬为正值，南纬为负值，例如，"3848"代表北纬 38°48′，"-2719"代表南纬 27°19′。

5.4.16 来源地
无花果种质的来源国家、省、县名称，地区名称或国际组织名称。国家、地区和国际组织名称同 4.10，省和县名称参照 GB/T 2260。

5.4.17 保存单位
无花果种质保存单位的名称。单位名称应写全称。例如，"中国农业科学院郑州果树研究所"。

5.4.18 保存单位编号
无花果种质在原保存单位中的种质编号。保存单位编号在同一保存单位中应具有唯一性。

5.4.19 保存资源类型
无花果种质保存类型分为 6 类。

  1 植株
  2 种子
  3 花粉
  4 培养物
  5 DNA
  6 其他

5.4.20 种质类型
保存的无花果种质资源的类型分为 6 类。

  1 野生资源
  2 地方品种
  3 选育品种
  4 品系

5　遗传材料
　　6　其他

5.4.21　用途
无花果种质资源的主要特性用途。
　　1　鲜食
　　2　鲜食兼制干
　　3　制干
　　4　药用
　　5　其他

5.4.22　系谱
无花果选育品种（系）的亲缘关系，即系谱（家谱、家系）或杂交组合名称。

5.4.23　选育单位
选育无花果品种（系）的单位名称或个人。单位名称应写全称。如"中国农业科学院郑州果树研究所"。

5.4.24　育成年份
无花果品种（系）培育成功的年份。如"2020""2023"等。

5.4.25　选育方法
无花果品种（系）的育种方法。如"杂交""辐射""芽变""实生选种"等。

5.4.26　图像
无花果种质的图像文件名，图像格式为.jpg。图像文件名由统一编号加半连号"-"加序号加".jpg"组成。如有多个图像文件，图像文件名用英文分号分隔，如"WHG0003-1.jpg；WHG0003-2.jpg"。图像对象主要包括植株、果实、特异性状等。图像要清晰，对象要突出。

5.4.27　观测地点
无花果种质形态特征和生物学特性的观测地点名称，记录到省和县名，如"河南省武陟县"。

5.5　形态特征和生物学特性

5.5.1　树姿
在植株落叶后至防寒前，以试验小区为观测对象，用量角器测量主枝的开张角度并记录。根据树姿的模式图（图1）及有关说明，确定种质的树姿。直立，主枝开张角度等于或小于60°；半直立，主枝开张角度在60°~90°；开张，主枝开张夹角大于 90°。

    1   直立（参照品种：早黄）

    2   半直立（参照品种：ALMA）

    3   开张（参照品种：波姬红）

5.5.2　二级分枝下垂

以无花果种质植株的二级分枝枝条为材料，采用目测法观察，对比模式图（图2）结合比对参照品种，确定二级分枝有无下垂。

    1   无（参照品种：绿早）

    2   有（参照品种：波姬红）

5.5.3　树势

在植株落叶后至防寒前，以试验小区为观测对象，测定 3 株以上种质距离地面统一高度位置树干的周长和粗度及其枝条的长度和粗度，其增长量综合判定其树势。

    1   弱（参照品种：紫色波尔多）

    2   中（参照品种：玛斯义陶芬）

    3   强（参照品种：青皮）

5.5.4　基部徒长枝数量

无花果种质植株基部长出的徒长枝条的数量情况，采用目测法观察，与参照品种对比，确定基部徒长枝数量多少。

    1   少（参照品种：黑色马德拉）

    2   中（参照品种：卡独太）

    3   多（参照品种：芝加哥哈代）

5.5.5　分枝密度

无花果种质植株上长出的分枝的数量密集程度，采用目测法观察，与参照品种对比，确定分枝密度。

    1   稀少（参照品种：卡独太）

    2   中等（参照品种：白热亚娜）

    3   密集（参照品种：波姬红）

5.5.6　结瘤

在植株落叶后至防寒前，以试验小区为观测对象，采用目测法观察树干与老枝交叉的位置，对比模式图（图3）结合比对参照品种，确定结瘤的多少。

    1   无（参照品种：黑帝王）

    2   少（参照品种：芝加哥哈代）

    3   中（参照品种：布兰卡白）

    4   多（参照品种：金早）

5.5.7 一年生枝颜色

在植株落叶后至防寒前，以试验小区为观测对象，随机抽取一年生枝条10条，在正常一致的光照条件下，采用目测法观察一年生枝条的色泽，与标准比色卡上相应代码的颜色进行比较，按照最大相似原则，确定种质的一年生枝条色泽。

  1 橙
  2 褐
  3 灰褐
  4 灰

5.5.8 一年生枝节间长

以5.5.7选取的材料为样本，用尺子测量每枝中部3个节之间的长度，求平均值。结合比对参照品种，确定一年生枝节间长的长短。单位为cm，精确到0.1cm。

  1 短（参照品种：芭劳奈）
  2 中（参照品种：波姬红）
  3 长（参照品种：青皮）

5.5.9 一年生枝节间数

以5.5.7选取的材料为样本，查每枝上的节间数量，求出平均数，比对参照品种，确定一年生枝节间数多少。

  1 少（参照品种：A134）
  2 中（参照品种：波姬红）
  3 多（参照品种：芭劳奈）

5.5.10 一年生枝皮孔形状

以5.5.7选取的材料为样本，采用目测法观察，比对参照品种，确定一年生枝上皮孔的形状。

  1 线形（参照品种：绿早）
  2 椭圆形（参照品种：金傲芬）
  3 圆形（参照品种：日本紫果）

5.5.11 一年生枝皮孔大小

以5.5.7选取的材料为样本，采用目测法观察，比对参照品种，确定无花果种质一年生枝上皮孔的大小。

  1 小（参照品种：白热亚娜）
  2 中（参照品种：波姬红）
  3 大（参照品种：布兰瑞克）

5.5.12 一年生枝皮孔密度

以 5.5.7 选取的材料为样本，采用目测法观察，比对参照品种，确定无花果种质一年生枝上皮孔的密集程度。

  1 稀（参照品种：ALMA）
  2 中（参照品种：日本紫果）
  3 密（参照品种：波姬红）

5.5.13 一年生枝顶芽形状

以 5.5.7 选取的材料为样本，采用目测法观察，比对参照品种，确定无花果种质一年生枝条顶端芽的形状。

  1 长三角形（参照品种：早黄）
  2 三角形（参照品种：金傲芬）
  3 短三角形（参照品种：波姬红）

5.5.14 一年生枝顶芽颜色

在营养生长阶段，以试验小区为观测对象，随机抽取一年生枝条 10 条，在正常一致的光照条件下，采用目测法观察一年生枝条顶端芽的颜色，与标准比色卡上相应代码的颜色进行比较并确定顶芽颜色。

  1 黄绿
  2 橙
  3 棕
  4 灰褐
  5 紫红

5.5.15 一年生枝顶芽大小

以 5.5.7 选取的材料为样本，采用目测法观察，比对参照品种，确定一年生枝条顶端芽的大小。

  1 小（参照品种：ALMA）
  2 中（参照品种：波姬红）
  3 大（参照品种：金傲芬）

5.5.16 两年生枝形状

在植株落叶后至防寒前，以试验小区为观测对象，随机抽取两年生枝条 10 条，根据两年生枝条形状模式图（图 4）及有关说明，确定种质两年生枝条的形状。

  1 笔直
  2 弯曲
  3 S 形弯曲

5.5.17 二年生枝潜伏芽隆起程度

以 5.5.16 选取的材料为样本,对比模式图(图 5)结合比对参照品种,以目测法观察,比对参照品种,确定两年生枝潜伏芽的隆起程度。

1　弱(参照品种:白热亚娜)
2　中(参照品种:波姬红)
3　强(参照品种:青皮)

5.5.18 叶裂刻类型

在夏季,从无花果种质植株当年生枝条中部采成熟叶 10 片,根据叶裂刻类型模式图(图 6)确定中部多数成熟叶的裂刻类型。

1　无裂
2　三裂
3　五裂
4　七裂

5.5.19 无裂种质叶形

以 5.5.18 采集的材料为样本,根据无裂种质叶形模式图(图 7)确定无裂种质的植株当年生枝条中部成熟叶片的形状。

1　心形
2　三角形
3　披针形
4　椭圆形

5.5.20 有裂种质叶顶部裂片形

以 5.5.18 采集的材料为样本,根据有裂种质顶部裂片形状模式图(图 8)确定有裂种质的植株当年生枝条中部成熟叶的顶部裂片的形状。

1　三角形
2　窄菱形
3　阔菱形
4　匙形
5　长匙形
6　大头羽裂形

5.5.21 有裂种质顶部裂片长与叶长的比率

以 5.5.18 采集的材料为样本,采用直尺测定有裂种质的植株当年生枝条中部成熟叶的顶部裂片长和叶长,记录实测数据计算比率,计算平均值,比对参照品种,确定有裂种质顶部裂片长与叶长比率的大小。

1　小(参照品种:ALMA)
2　中(参照品种:紫色波尔多)

　　　　3　大（参照品种：加州黑）

5.5.22　有裂种质裂片二次裂刻

以 5.5.18 采集的材料为样本，确定有裂种质的植株当年生枝条中部成熟叶片的顶部裂片二次裂片情况。

　　　　1　无（参照品种：青皮）
　　　　2　浅（参照品种：波姬红）
　　　　3　中（参照品种：布兰瑞克）
　　　　4　深（参照品种：卡利亚那）

5.5.23　叶基部形状

以 5.5.18 采集的材料为样本，根据叶基部形状模式图（图 9），确定当年生枝条中部成熟叶的叶基形状。

　　　　1　下弯
　　　　2　截形
　　　　3　心形
　　　　4　距状

5.5.24　叶长

以 5.5.18 采集的材料为样本，根据模式图（图 10）所标叶长，用直尺或皮尺测量，取平均值。单位为 cm，精确到 0.1cm。

5.5.25　叶宽

以 5.5.18 采集的材料为样本，根据模式图（图 10）所标叶宽，用直尺或皮尺测量，取平均值。单位为 cm，精确到 0.1cm。

5.5.26　叶颜色

以 5.5.18 采集的材料为样本，采用目测法，与标准色卡的颜色进行比对，结合对比参照品种。

　　　　1　浅绿（参照品种：紫色波尔多）
　　　　2　绿（参照品种：波姬红）
　　　　3　深绿（参照品种：布兰瑞克）

5.5.27　叶背面茸毛

以 5.5.18 采集的材料为样本，采用 10 倍放大镜，观察叶背面茸毛的多少，对比参照品种。

　　　　1　少（参照品种：绿早）
　　　　2　中（参照品种：青皮）
　　　　3　多（参照品种：波姬红）

5.5.28　叶柄上基部侧叶有无

以 5.5.18 采集的材料为样本，采用目测法，与无花果叶柄上基部侧叶有无的模式图（图11）比对，观察无花果叶柄上的基部有无侧叶。

  1 有
  2 无

5.5.29　叶柄上基部侧叶大小

以5.5.18采集的材料为样本，采用目测法，观察无花果叶柄上基部侧叶的大小。

  1 小（参照品种：加州黑）
  2 中（参照品种：白热亚娜）
  3 大（参照品种：布兰瑞克）

5.5.30　叶柄长

以5.5.18采集的材料为样本，根据模式图（图10）所标叶柄长，用直尺或皮尺测量叶柄长度，取平均值。单位为cm，精确到0.1cm。

5.5.31　叶柄颜色

以5.5.18采集的材料为样本，采用目测法观察叶片叶柄的颜色，与标准色卡的颜色进行比对，或对比参照品种。

  1 黄绿（参照品种：波姬红）
  2 浅绿（参照品种：芭劳奈）
  3 绿（参照品种：丽莎）

5.5.32　无花果资源类型

观察并记录整株无花果结果情况，第1批果或有或无，且第1批和第2批果可以不经过受精而成熟的为普通型；没有第1批果，第2批果必须受精才能成熟的为斯密尔那型；第1批果可以不经过受精而成熟，第2批果受精后才能成熟的为中间型；产生三季果，且有雄花和短的雌花，能作为授粉品种给其他类型进行受精的为原生型。

  1 普通型
  2 斯密尔那型
  3 中间型
  4 原生型

5.5.33　普通型无花果的分类

观察整株无花果一年结果的情况，调查记录成熟夏果、秋果多少，夏果多、秋果少或无的是夏果型种质，秋果多、夏果较少的是秋果型种质，夏秋果都多的是夏秋果兼用型种质。

  1 夏果型（参照品种：紫陶芬）
  2 秋果型（参照品种：波姬红）
  3 夏秋果兼用型（参照品种：新疆早黄）

5.5.34 单株果实数量

调查记录整株无花果种质植株产果实的数量，结合对比参照品种。

　　1　少（参照品种：日本紫果秋果）
　　2　中（参照品种：波姬红秋果）
　　3　多（参照品种：芭劳奈秋果）

5.5.35 果柄与枝条附着程度

观察整株无花果种质植株所结果实的果柄与枝条的依附程度。

　　1　弱（参照品种：芭劳奈夏果）
　　2　中（参照品种：波姬红夏果）
　　3　强（参照品种：布兰瑞克夏果）

5.5.36 果实纵径

于果实食用成熟期，在3株以上植株随机抽取的结果枝上采成熟果10个（带果柄），按照模式图（图12）所标纵径，用游标卡尺或果实测量盒测量，取平均值。单位为cm，精确到0.1cm。

5.5.37 果实横径

以5.5.36采集的材料为样本，按照模式图（图12）所标横径，用游标卡尺或果实测量盒测量，取平均值。单位为cm，精确到0.1cm。

5.5.38 单果重

以5.5.36采集的材料为样本，用天平称重，取平均值。单位为g，精确到0.1g。

5.5.39 果颈

以5.5.36采集的材料为样本，按照模式图（图12）所标果颈，采用目测法，观察果颈的长短。

　　1　无或极短（参照品种：D005）
　　2　短（参照品种：日本紫果）
　　3　中（参照品种：A1213）
　　4　长（参照品种：芭劳奈）

5.5.40 果目大小

以5.5.36采集的材料为样本，按照模式图（图12）所标果目，采用目测法，观察果实果目的大小。

　　1　小（参照品种：芭劳奈）
　　2　中（参照品种：青皮）
　　3　大（参照品种：波姬红）

5.5.41 果柄长

以5.5.36采集的材料为样本，按照模式图（图13）所标，采用目测法，观察判断果实果柄的长短。

　　1　短
　　2　中
　　3　长

5.5.42　果点密度

以 5.5.36 采集的材料为样本，按照模式图（图 14）所标，采用目测法，观察判断果实果点的稀密。

　　1　稀
　　2　中
　　3　密

5.5.43　果斑

以 5.5.36 采集的材料为样本，采用目测法，观察成熟果实上有无果斑。

　　1　无（参照品种：A1213）
　　2　有（参照品种：玛斯义陶芬）

5.5.44　果脉

以 5.5.36 采集的材料为样本，采用目测法，观察成熟果实上果脉情况。

　　1　无或不明显（参照品种：A1213）
　　2　较明显（参照品种：白热亚娜）
　　3　明显（参照品种：芭劳奈）

5.5.45　果皮裂果性

以 5.5.36 采集的材料为样本，按照模式图（图 15）所标，采用目测法，观察成熟果实上的裂果情况，光滑不易裂皮的是无裂，沿着果实纵向果皮裂的是横裂，沿着果实横径方向果皮裂的是纵裂。

　　1　无裂
　　2　横裂
　　3　纵裂

5.5.46　果目周围裂果性

以 5.5.36 采集的材料为样本，按照模式图（图 16）所标，采用目测法，观察成熟果实果目周围裂果情况。

　　1　无
　　2　有

5.5.47　剥皮难易程度

以 5.5.36 采集的材料为样本，用手去剥成熟果实的果皮，判断剥皮难易情况。

　　1　易（参照品种：斯特拉）

2　中（参照品种：西莱斯特）

3　难（参照品种：红帕森）

5.5.48　空腔大小

以5.5.36采集的材料为样本，用水果刀按照图12切开果实剖面，采用目测法，观察果实空腔大小。

1　无或极小（参照品种：西莱斯特）

2　小（参照品种：芭劳奈）

3　中（参照品种：布兰瑞克）

4　大（参照品种：白热亚那）

5.5.49　果皮抗划伤性

以5.5.36采集的材料为样本，用硬质的工具去划果皮，观察成熟果实果皮抗划伤的强弱。

1　弱（参照品种：芭劳奈）

2　中（参照品种：波姬红）

3　强（参照品种：斯特拉）

5.5.50　瘦果数量

以5.5.36采集的材料为样本，用水果刀按照图12切开果实剖面，采用目测法，观察果实瘦果数量。

1　少（参照品种：西莱斯特）

2　中（参照品种：布兰瑞克）

3　多（参照品种：金傲芬）

5.5.51　瘦果大小

以5.5.36采集的材料为样本，用水果刀按照图12切开果实剖面，采用目测法，观察果实瘦果大小。

1　小（参照品种：白热亚娜）

2　中（参照品种：西莱斯特）

3　大（参照品种：波姬红）

5.5.52　始熟期

于果实成熟期，采用目测的方法，观察整个植株，以10%的果实达到食用成熟度为标准，以"年月日"表示，格式"YYYYMMDD"。

5.5.53　末熟期

于果实成熟期，采用目测的方法，观察整个植株，以90%的果实达到食用成熟度为标准，以"年月日"表示，格式"YYYYMMDD"。

5.5.54　畸形果数量

于果实发育期，采用目测的方法，观察整个植株，果实出现畸形果实的数量情况，根据模式图（图17）判断畸形果数量多少。

    1   无或少

    2   中

    3   多

5.5.55 萌芽期

于早春，采用目测的方法，记录全树25%芽萌动的日期，以"年月日"表示，格式"YYYYMMDD"。

5.5.56 现果期

于早春和初夏，采用目测的方法，观察全树10%幼果开始明显膨大的日期，以"年月日"表示，格式"YYYYMMDD"。

5.5.57 果实发育期

计算现果期到果实始熟期的时间，单位为d，精确到1d。

5.5.58 落叶期

于落叶期，采用目测的方法，观察记录整个植株，全树25%正常叶脱落的日期，以"年月日"表示，格式"YYYYMMDD"。

5.5.59 授粉情况

以5.5.36采集的材料为样本，用水果刀按照图12切开果实剖面，观察果实有无授粉情况，授粉的果实种子有种仁，没有授粉的无种仁。

    1   无

    2   有

5.5.60 繁殖特性

被鉴定的无花果种质植株的繁殖方法。一般栽培种质采用扦插繁殖，少量也有嫁接、压条繁殖；野生种质采用分株、扦插、组织培养等方法。

    1   实生

    2   硬枝扦插

    3   绿枝扦插

    4   嫁接

    5   压条

    6   组织培养

    7   其他

5.5.61 生育期

计算自萌芽至落叶终止的时间。单位为d，精确到1d。

5.6 品质特性

5.6.1 果实大小

于果实食用成熟期，在 3 株以上植株随机抽取的结果枝上采成熟果 10 个（带果柄），采用目测法，判断所结果实的大小。

1　小（参照品种：紫色波尔多）
2　中（参照品种：青皮）
3　大（参照品种：芭劳奈夏果）

5.6.2 果形

以 5.6.1 采集的材料为样本，采用目测法，根据果形模式图（图 18）确定该种质果形。

1　球形（果实的大部分在中间部位，没有果把，可能是卵形、圆形或倒卵形）
2　葫芦形（果实球形，果把细长）
3　陀螺形（果实扁，不对称，有短的或不容易区分的果把）
4　倒卵形（细长的果实，没有果把）
5　梨形（细长的果实，果实的大部分在基部，有短的或容易区分的果把）
6　瓮形（扁的果实，果把短且宽，容易区分）

5.6.3 果皮底色

以 5.6.1 采集的材料为样本，采用目测法，将果皮的底色与标准色卡的颜色进行比对。

1　黄
2　绿黄
3　黄绿
4　绿
5　黄绿条带
6　紫
7　黑

5.6.4 果皮盖色

以 5.6.1 采集的材料为样本，采用目测法，将果皮的阳面深色部分与标准色卡的颜色进行比对。

1　无
2　黄

  3 浅褐红

  4 红紫

  5 紫

5.6.5　果肉颜色

  以5.6.1采集的材料为样本，用水果刀按照图12切开果实剖面，采用目测方法，将果肉部分与标准色卡的颜色进行比对。

  1 黄白

  2 褐黄

  3 粉红

  4 紫

  5 橙红

  6 红

  7 浅褐

  8 深褐

5.6.6　风味

  以5.6.1采集的材料为样本，打开果实进行品尝。

  1 酸甜

  2 甜

  3 糯甜

  4 浓甜

5.6.7　肉质

  以5.6.1采集的材料为样本，打开果实进行品尝，结合参照品种确定果肉的软硬。

  1 极软（参照品种：芭劳奈）

  2 软（参照品种：A1213）

  3 较软（参照品种：玛斯义陶芬）

  4 中（参照品种：斯特拉）

5.6.8　香味

  以5.6.1采集的材料为样本，打开果实品尝其香味的浓淡情况，结合参照品种确定果实的香味。

  1 无（参照品种：红帕森）

  2 淡（参照品种：蓬莱柿）

  3 浓（参照品种：青皮）

5.6.9　出汁率

  在果实食用成熟期，在3株以上的树体上，随机采成熟果实1kg（带果柄），从中随机称取 500g，去除果柄，提取汁液，称取汁液质量（g），计算出汁率（汁液质量/果实质量×100%），以%表示，精确到 0.1%。

5.6.10 可溶性固形物含量
以 5.6.9 采集的材料为样本，检测方法参照 NY/T 2637，以%表示，精确到 0.1%。

5.6.11 可溶性糖含量
以 5.6.9 采集的材料为样本，检测方法参照 NY/T 2742，以%表示，精确到 0.01%。

5.6.12 总酸含量
以 5.6.9 采集的材料为样本，检测方法参照 NY/T 1841，以%表示，精确到 0.01%。

5.6.13 维生素 C 含量
以 5.6.9 采集的材料为样本，检测方法参照 GB 5009.86，单位为 mg/100g，精确到 0.01mg/100g。

5.6.14 氨基酸含量
以 5.6.9 采集的材料为样本，检测方法参照 GB 5009.124，单位为 g/100g，精确到 0.01g/100g。

5.6.15 粗纤维含量
以 5.6.9 采集的材料为样本，检测方法参照 GB/T 5009.10，以%表示，精确到 0.01%。

5.6.16 果胶含量
以 5.6.9 采集的材料为样本，检测方法参照 NY/T 2016，单位为 g/kg，精确到 0.01g/kg。

5.6.17 贮藏性
无花果果实极不耐贮藏，夏季 8 月和 9 月成熟的果实尤其不耐贮藏，10 月以后成熟的果实耐贮性较好。采摘同期成熟的果实（不应有病虫及损伤果，带果柄）160 个，用无花果专用盒包装，每 8 个果实一盒，放置于 0~2℃ 的环境中贮藏，采用目测和品尝的方法，每 12 个小时观察一次，记录能够保持果实外观、果肉颜色和风味基本不变的最大小时数，单位为 h。精确到 1h。

    1   好（参照品种：斯特拉）
    2   中（参照品种：波姬红）
    3   差（参照品种：芭劳奈）

5.7 抗性特征

5.7.1 耐寒性（参考方法）

在春季解冻后，无花果植株发芽前，调查枝条冻枯率。每份种质调查3株以上，连续调查2年以上，调查冻枯条枝总长度占总枝条长度的百分率，计算条长冻枯率的平均值，以%表示，精确到整数位。

根据冻枯率，按下述标准，确定种质的耐寒性。

1　强（冻枯率＜20%）
3　中（20%≤冻枯率＜50%）
5　弱（冻枯率≥50%）

5.7.2 耐涝性（参考方法）

鉴定方法：水分过多会造成植株叶片萎蔫、发黄、脱落，严重时导致植株死亡。无花果耐涝性鉴定主要鉴定苗期忍受土壤湿涝的能力。

用福尔马林消毒的泥土和草炭5∶1混合物作为基质，盆钵选用上口径、盆高均为40cm以上。每份种质设3次重复，每次重复至少10株苗，苗木高度、粗度基本一致。春季，在幼苗长至20cm左右时，将盆钵移至有遮雨设施的防渗水苗床内，往苗床内灌水，水面超过盆内基质面3cm，使试材始终保持在水淹状态，以正常管理植株为对照。水淹16d后（或根据受害情况确定），对试材进行受害程度调查。

级别	涝害症状
0	与对照无差异，无障碍症象
1	＜20%叶片受害
2	20%~35%叶片受害
3	35%~50%叶片受害
4	50%~65%叶片受害
5	65%及以上叶片受害

根据受害级别计算涝害指数，计算公式为：

$$WI = \frac{\sum (S_i N_i)}{5N} \times 100$$

式中：WI 表示涝害指数，%；S_i 表示为害级别；N_i 表示各级为害株数；i 表示涝害的各个级别；N 表示调查总株数；5 为最高涝害级别。

根据涝害指数将无花果种质的抗涝性分为：

1　极强　（WI＜30）
3　强　　（30≤WI＜50）

5	中　($50 \leq WI < 60$)
7	弱　($60 \leq WI < 70$)
9	极弱　($WI \geq 70$)

5.7.3　耐旱性（参考方法）

鉴定方法：干旱缺水会造成植株叶片萎蔫、脱落，严重时导致植株死亡。无花果耐旱性鉴定主要鉴定苗期忍受土壤干旱的能力。

在避雨条件下，用福尔马林消毒的泥土和草炭5∶1为基质，选用口径30cm高、40cm的盆钵种植。选苗木高度、粗度、根系发育基本一致的一年生扦插苗，每份种质设3次重复，每重复10株苗。栽后正常管理，新梢长到20cm左右时，灌透水一次，然后进行人为断水，以正常管理植株为对照。停止浇水后10d、15d、20d（根据温度情况，可适当调整断水时间），分别对试材进行旱害程度调查。

级别	旱害症状
0	与对照无差异
1	<20%叶片受害
2	20%~35%叶片受害
3	35%~50%叶片受害
4	50%~65%叶片受害
5	65%及以上叶片受害

根据受害级别计算旱害指数，计算公式为：

$$DrI = \frac{\sum (S_i N_i)}{5N} \times 100$$

式中：DrI 表示旱害指数,%；S_i 表示为害级别；N_i 表示各级为害株数；i 表示旱害的各个级别；N 表示调查总株数；5为最高旱害级别。

根据旱害指数将无花果种质的耐旱性分为：

1	极强　($DrI < 30$)
3	强　($30 \leq DrI < 50$)
5	中　($50 \leq DrI < 60$)
7	弱　($60 \leq DrI < 70$)
9	极弱　($DrI \geq 70$)

5.8　抗病虫性

5.8.1　锈病抗性（参考方法）

该病主要危害叶片。病菌先从基部叶片开始侵染，逐渐向上蔓延，早期症状叶脉呈铁锈色，出现红褐色角状病斑，病叶背面初生黄白色至黄褐色小疱斑，后疱斑表皮破裂，散出锈褐色粉状物。影响果实成熟。严重时病斑融合成斑块，造成叶片卷曲、焦枯或脱落，果实不能正常成熟。

在8月初，用田间自然调查的方法，按照GB/T 17980农药田间药效试验准则喷洒杀菌剂的自然条件下，采集叶片进行观察，根据病情分级标准进行分级统计，用感病指数来评价无花果锈病的抗性。

锈病分级标准：

级别	标准
0	全叶不发病
1	病斑面积占整个叶面积的10%以下
2	病斑面积占整个叶面积的10%~25%
3	病斑面积占整个叶面积的25%~40%
4	病斑面积占整个叶面积的40%~65%
5	病斑面积占整个叶面积的65%及以上

根据叶片的受害级别计算感病指数，计算公式为：

$$DI = \frac{\sum (S_i N_i)}{5N} \times 100$$

式中：DI 表示病情指数，%；S_i 表示为害级别；N_i 表示相应发病级别的叶数；i 表示病情分级的各个级别；N 表示调查总叶数；5 为最高受害级别。

锈病抗性鉴定结果的统计分析和校验参照5.3.3。

根据感病指数将无花果种质的锈病抗性分为：

0	免疫（I）	（$DI=0$）
1	高抗（HR）	（$0<DI\leq 20$）
3	抗病（R）	（$20<DI\leq 40$）
5	中抗（MR）	（$40<DI\leq 60$）
7	感病（S）	（$60<DI\leq 80$）
9	高感（HS）	（$80<DI$）

5.8.2 炭疽病抗性（参考方法）

该病主要危害叶片和果实。叶片侵染发病后，正面边缘散布淡黄色点状小斑块，背面沿叶脉散布褐色病斑；后病斑数量巨大布满整个叶片，背面病斑处可聚集锈红色的分生孢子堆。叶柄感病初变暗褐色，后中间颜色呈深褐色。果实感染初期表面出现褐色或深褐色小斑点，斑点处呈圆形向果心凹陷，最后病斑不断扩大，果实变软腐烂。

在9月份，用田间自然调查的方法，按照GB/T 17980喷洒杀菌剂的自然条件下，采集叶片进行观察，记录叶片病斑面积占整个叶片面积的百分比，根据病情分级标准进行分级统计，用感病指数来评价无花果炭疽病的抗性。

炭疽病分级标准：

  0 全叶不发病
  1 病斑面积占整个叶面积的5%以下
  2 病斑面积占整个叶面积的5%~15%
  3 病斑面积占整个叶面积的15%~25%
  4 病斑面积占整个叶面积的25%~50%
  5 病斑面积占整个叶面积的50%及以上

根据叶片的受害级别计算感病指数，计算公式为：

$$DI = \frac{\sum (S_i N_i)}{5N} \times 100$$

式中：DI 表示病情指数，%；S_i 表示为害级别；N_i 表示相应发病级别的叶数；i 表示病情分级的各个级别；N 表示调查总叶数；5为最高受害级别。

炭疽病抗性鉴定结果的统计分析和校验参照5.3.3。

根据感病指数将无花果种质的炭疽病抗性分为：

  0 免疫（I）（$DI=0$）
  1 高抗（HR）（$0<DI\leq20$）
  3 抗病（R）（$20<DI\leq40$）
  5 中抗（MR）（$40<DI\leq60$）
  7 感病（S）（$60<DI\leq80$）
  9 高感（HS）（$80<DI$）

5.9 其他特征特性

5.9.1 用途

通过民间调查、市场调查和文献查阅相结合，了解相应种质的利用价值。

  1 鲜食
  2 加工
  3 鲜食兼加工

5.9.2 染色体数目

在细胞分裂旺盛期，采用常规压片或涂片法观察细胞染色体数目。取样个数应在5个以上，总细胞数30个以上。

5.9.3 分子标记

对进行过指纹图谱分析或重要性状分子标记的无花果种质，记录指纹图谱或分子标记的方法，并注明所用引物、特征带的分子大小或序列以及标记的性状和连锁距离。

5.9.4 备注

无花果种质特殊描述符或特殊代码的具体说明。

6 无花果种质资源数据采集表

1 基本信息			
全国统一编号（1）		种植圃编号（2）	
引种号（3）		采集号（4）	
种质名称（5）		种质外文名（6）	
科名（7）		属名（8）	
学名（9）		原产国（10）	
原产省（11）		原产地（12）	
海拔（13）	m	经度（14）	
纬度（15）		来源地（16）	
保存单位（17）		保存单位编号（18）	
保存资源类型（19）	1：植株 2：种子 3：花粉 4：培养物 5：DNA 6：其他	种质类型（20）	1：野生资源 2：地方品种 3：选育品种 4：品系 5：遗传材料 6：其他
用途（21）	1：鲜食 2：鲜食兼制干 3：制干 4：药用 5：其他		
系谱（22）		选育单位（23）	
育成年份（24）		选育方法（25）	
图像（26）		观测地点（27）	
2 形态特征和生物学特性			
树姿（28）	1：直立 2：半直立 3：开张	二级分枝下垂（29）	1：无 2：有
树势（30）	1：弱 2：中 3：强	基部徒长枝数量（31）	1：少 2：中 3：多
分枝密度（32）	1：稀少 2：中等 3：密集	结瘤（33）	1：无 2：少 3：中 4：多

(续表)

一年生枝皮色（34）	1：橙　2：褐　3：灰褐　4：灰			
一年生枝节间长（35）	1：短　2：中　3：长		节间数（36）	1：少　2：中　3：多
一年生枝皮孔形状（37）	1：线形　2：椭圆形　3：圆形			
一年生枝皮孔大小（38）	1：小　2：中　3：大		一年生枝皮孔密度（39）	1：稀　2：中　3：密
一年生枝顶芽形状（40）	1：长三角形　2：三角形　3：短三角形			
一年生枝顶芽颜色（41）	1：黄绿　2：橙　3：棕　4：灰褐　5：紫红			
一年生枝顶芽大小（42）	1：小　2：中　3：大			
两年生枝形状（43）	1：笔直　2：弯曲　3：S形弯曲			
两年生枝潜伏芽隆起程度（44）	1：弱　2：中　3：强			
叶裂刻类型（45）	1：无裂　2：三裂　3：五裂　4：七裂			
无裂种质叶形（46）	1：心形　2：三角形　3：披针形　4：椭圆形			
有裂种质叶顶部裂片形（47）	1：三角形　2：窄菱形　3：阔菱形　4：匙形　5：长匙形　6：大头羽裂形			
有裂种质顶部裂片长与叶长的比率（48）	1：小　2：中　3：大			
有裂种质裂片二次裂刻（49）	1：无　2：浅　3：中　4：深			
叶基部形状（50）	1：下弯　2：截形　3：心形　4：距状			
叶长（51）	1：短　2：中　3：长		叶宽（52）	1：窄　2：中　3：宽
叶颜色（53）	1：浅绿　2：绿　3：深绿		叶背面茸毛（54）	1：少　2：中　3：多
叶柄上基部侧叶（55）	1：无　2：有		叶柄上基部侧叶大小（56）	1：小　2：中　3：大
叶柄长（57）	1：短　2：中　3：长		叶柄颜色（58）	1：黄绿　2：浅绿　3：绿
无花果分类（59）	1：普通型　2：斯密尔那型　3：中间型　4：原生型			
普通型无花果的类别（60）	1：夏果型　2：秋果型　3：夏秋果兼用型			

（续表）

单株果实数量(61)	1：少 2：中 3：多	果柄与枝条附着程度(62)	1：弱 2：中 3：强
果实纵径(63)	cm	果实横径(64)	cm
单果重(65)	g	果颈(66)	1：无或极短 2：短 3：中 4：长
果目大小(67)	1：小 2：中 3：大		
果柄长(68)	1：短 2：中 3：长		
果点密度(69)	1：稀 2：中 3：密	果斑(70)	1：无 2：有
果脉(71)	1：无或不明显 2：较明显 3：明显		
果皮裂果性(72)	1：无裂 2：横裂 3：纵裂		
果目周围裂果性(73)	1：无 2：有		
剥皮难易程度(74)	1：易 2：中 3：难		
空腔大小(75)	1：无或极小 2：小 3：中 4：大		
果皮抗划性(76)	1：弱 2：中 3：强		
瘦果数量(77)	1：少 2：中 3：多		
瘦果大小(78)	1：小 2：中 3：大		
始熟期(79)		末熟期(80)	
畸形果数量(81)	1：无或少 2：中 3：多		
萌芽期(82)		现果期(83)	
果实发育期(84)		落叶期(85)	
授粉情况(86)	1：无 2：有		
繁殖特性(87)	1：实生 2：硬枝扦插 3：绿枝扦插 4：嫁接 5：压条 6：组织培养 7：其他		
生育期(88)			
3 品质特性			
果实大小(89)	1：小 2：中 3：大		
果形(90)	1：球形 2：葫芦形 3：陀螺形 4：倒卵形 5：梨形 6：瓮形		
果皮底色(91)	1：黄 2：绿黄 3：黄绿 4：绿 5：黄绿条带 6：紫 7：黑		
果皮盖色(92)	1：无 2：黄 3：浅褐红 4：红紫 5：紫		

(续表)

果肉颜色（93）	1：黄白　2：褐黄　3：粉红　4：橙红　5：红　6：紫　7：浅褐　8：深褐			
风味（94）	1：酸甜　2：甜　3：糯甜　4：浓甜	肉质（95）	1：极软　2：软　3：较软　4：中	
香味（96）	1：无　2：淡　3：浓	出汁率（97）	％	
可溶性固形物含量（98）	％	可溶性糖含量（99）	％	
总酸含量（100）	％	维生素C含量（101）	mg/100g	
氨基酸含量（102）	g/100g	粗纤维含量（103）	％	
果胶含量（104）	g/kg	贮藏性（105）	1：好　2：中　3：差	
4　抗逆性				
耐寒性（106）	1：强　3：中　5：弱			
耐涝性（107）	1：极强　3：强　5：中　7：弱　9：极弱			
耐旱性（108）	1：极强　3：强　5：中　7：弱　9：极弱			
5　抗病虫性				
锈病抗性（109）	0：免疫　1：高抗　3：抗病　5：中抗　7：感病　9：高感			
炭疽病抗性（110）	0：免疫　1：高抗　3：抗病　5：中抗　7：感病　9：高感			
6　其他特征特性				
染色体数目（111）	条			
分子标记（112）				
备注（113）				

填表人：　　　　　　　审核：　　　　　　　日期：

7 无花果种质资源利用情况报告格式

7.1 种质利用概况

当年提供利用的种质类型、份数、份次、用户数等。

7.2 种质利用效果及效益

提供利用后育成的品种、品系、创新材料,以及其他研究利用、开发创收等产生的社会效益、经济效益和生态效益。

7.3 种质利用经验和存在的问题

组织管理、资源管理、资源研究和利用等。

8 无花果种质资源利用情况登记表

种质名称					
提供单位		提供日期		提供数量	
提供种质类型	地方品种□ 育成品种□ 高代品系□ 国外引进品种□ 野生种□ 近缘植物□ 遗传材料□ 突变体□ 其他□				
提供种质形态	植株（苗）□ 果实□ 籽粒□ 根□ 茎（插条）□ 叶□ 芽□ 花（粉）□ 组织□ 细胞□ DNA□ 其他□				
统一编号		国家种质资源圃编号			
提供种质的优异性状及利用价值：					
利用单位		利用时间			
利用目的					
利用途径：					
取得实际利用效果：					

种质利用单位盖章　　种质利用者签名：　　　　年　月　日

主要参考文献

大森直树.2013.趣味与园艺:无花果栽培12个月.东京:凸版印刷株式会社.
丁荔,夏营,等.2022.无花果锈病发生规律及防控技术.果农之友(9):78-80.
高磊,郭俊英.2021.无花果遗传资源与育种研究进展.安徽农业科学,49(18):1-4,8.
郭俊英.2019.观光采摘园特色果树栽培与管理.北京:中国科学技术出版社.
李丹丹,2019.无花果炭疽病原鉴定及生物学特性研究与有效药剂筛选.合肥:安徽农业大学.
刘灿,2020.无花果炭疽菌致病性与品种抗病性的分析及评价.合肥:安徽农业大学.
刘庆帅,戴婧豪,等.2021.无花果种质资源的研究进展.北方果树(3):1-4.
刘志勇,颜国荣,等.2014.NY/T 2587—2014 植物新品种特异性、一致性和稳定性测试指南 无花果.
潘一乐,张林,等.2006.桑树种质资源描述规范和数据标准.北京:中国农业出版社.
齐琳,马娜,等.2015.无花果品种幼苗淹水胁迫的生理响应与耐涝性评估.园艺学报,42(7):1273-1284.
乔洪明.2011.无花果:人类健康的守护神.济南:山东大学出版社.
王力荣,朱更瑞,方伟超.2005.桃种质资源果实性状描述标准的探讨.园艺学报,32(1):1-6.
王力荣,朱更瑞,方伟超.2005.桃种质资源植物学性状描述标准的探讨.中国农业科学,38(4):770-776.
王亮,王彩虹,等.2008.无花果种质资源研究进展.落叶果树,40(5):26-29.
王亮,王彩虹,等.2009.无花果叶形性状的SCAR分子标记.林业科学,45(6):158-161.
吴子江,马翠兰,等.2013.无花果生产与研究进展.亚热带农业研究,9(3):151-157.
细见彰洋.2017.无花果栽培、利用与加工.东京:中央精版印刷株式会社.
赵改荣,李明,等.2011.樱桃种质资源描述规范和数据标准.北京:中国农业科学技术出版社.
UPOV, 2010-02-10. Guidelines for the conduct of tests for distinctness, uniformity and stability. UPOV Code: FICUS_CAR.

《农作物种质资源技术规范》丛书

分 册 目 录

1 总论

1-1 农作物种质资源基本描述规范和术语
1-2 农作物种质资源收集技术规程
1-3 农作物种质资源整理技术规程
1-4 农作物种质资源保存技术规程

2 粮食作物

2-1 水稻种质资源描述规范和数据标准
2-2 野生稻种质资源描述规范和数据标准
2-3 小麦种质资源描述规范和数据标准
2-4 小麦野生近缘植物种质资源描述规范和数据标准
2-5 玉米种质资源描述规范和数据标准
2-6 大豆种质资源描述规范和数据标准
2-7 大麦种质资源描述规范和数据标准
2-8 高粱种质资源描述规范和数据标准
2-9 谷子种质资源描述规范和数据标准
2-10 黍稷种质资源描述规范和数据标准
2-11 燕麦种质资源描述规范和数据标准
2-12 荞麦种质资源描述规范和数据标准
2-13 甘薯种质资源描述规范和数据标准
2-14 马铃薯种质资源描述规范和数据标准
2-15 籽粒苋种质资源描述规范和数据标准
2-16 小豆种质资源描述规范和数据标准
2-17 豌豆种质资源描述规范和数据标准
2-18 豇豆种质资源描述规范和数据标准
2-19 绿豆种质资源描述规范和数据标准
2-20 普通菜豆种质资源描述规范和数据标准
2-21 蚕豆种质资源描述规范和数据标准
2-22 饭豆种质资源描述规范和数据标准
2-23 木豆种质资源描述规范和数据标准

2-24 小扁豆种质资源描述规范和数据标准
2-25 鹰嘴豆种质资源描述规范和数据标准
2-26 羽扇豆种质资源描述规范和数据标准
2-27 山黧豆种质资源描述规范和数据标准
2-28 黑吉豆种质资源描述规范和数据标准
2-29 藜麦种质资源描述规范和数据标准

3 经济作物

3-1 棉花种质资源描述规范和数据标准
3-2 亚麻种质资源描述规范和数据标准
3-3 苎麻种质资源描述规范和数据标准
3-4 红麻种质资源描述规范和数据标准
3-5 黄麻种质资源描述规范和数据标准
3-6 大麻种质资源描述规范和数据标准
3-7 青麻种质资源描述规范和数据标准
3-8 油菜种质资源描述规范和数据标准
3-9 花生种质资源描述规范和数据标准
3-10 芝麻种质资源描述规范和数据标准
3-11 向日葵种质资源描述规范和数据标准
3-12 红花种质资源描述规范和数据标准
3-13 蓖麻种质资源描述规范和数据标准
3-14 苏子种质资源描述规范和数据标准
3-15 茶树种质资源描述规范和数据标准
3-16 桑树种质资源描述规范和数据标准
3-17 甘蔗种质资源描述规范和数据标准
3-18 甜菜种质资源描述规范和数据标准
3-19 烟草种质资源描述规范和数据标准
3-20 橡胶树种质资源描述规范和数据标准

4 蔬菜

4-1 萝卜种质资源描述规范和数据标准
4-2 胡萝卜种质资源描述规范和数据标准
4-3 大白菜种质资源描述规范和数据标准
4-4 不结球白菜种质资源描述规范和数据标准
4-5 菜薹和薹菜种质资源描述规范和数据标准
4-6 叶用和薹（籽）用芥菜种质资源描述规范和数据标准
4-7 根用和茎用芥菜种质资源描述规范和数据标准
4-8 结球甘蓝种质资源描述规范和数据标准
4-9 花椰菜和青花菜种质资源描述规范和数据标准
4-10 芥蓝种质资源描述规范和数据标准

4-11 黄瓜种质资源描述规范和数据标准
4-12 南瓜种质资源描述规范和数据标准
4-13 冬瓜和节瓜种质资源描述规范和数据标准
4-14 苦瓜种质资源描述规范和数据标准
4-15 丝瓜种质资源描述规范和数据标准
4-16 瓠瓜种质资源描述规范和数据标准
4-17 西瓜种质资源描述规范和数据标准
4-18 甜瓜种质资源描述规范和数据标准
4-19 番茄种质资源描述规范和数据标准
4-20 茄子种质资源描述规范和数据标准
4-21 辣椒种质资源描述规范和数据标准
4-22 菜豆种质资源描述规范和数据标准
4-23 韭菜种质资源描述规范和数据标准
4-24 葱（大葱、分葱、楼葱）种质资源描述规范和数据标准
4-25 洋葱种质资源描述规范和数据标准
4-26 大蒜种质资源描述规范和数据标准
4-27 菠菜种质资源描述规范和数据标准
4-28 芹菜种质资源描述规范和数据标准
4-29 苋菜种质资源描述规范和数据标准
4-30 莴苣种质资源描述规范和数据标准
4-31 姜种质资源描述规范和数据标准
4-32 莲种质资源描述规范和数据标准
4-33 茭白种质资源描述规范和数据标准
4-34 蕹菜种质资源描述规范和数据标准
4-35 水芹种质资源描述规范和数据标准
4-36 芋种质资源描述规范和数据标准
4-37 荸荠种质资源描述规范和数据标准
4-38 菱种质资源描述规范和数据标准
4-39 慈姑种质资源描述规范和数据标准
4-40 芡实种质资源描述规范和数据标准
4-41 蒲菜种质资源描述规范和数据标准
4-42 百合种质资源描述规范和数据标准
4-43 黄花菜种质资源描述规范和数据标准
4-44 山药种质资源描述规范和数据标准
4-45 黄秋葵种质资源描述规范和数据标准

5 果树

5-1 苹果种质资源描述规范和数据标准
5-2 梨种质资源描述规范和数据标准
5-3 山楂种质资源描述规范和数据标准
5-4 桃种质资源描述规范和数据标准

5-5　杏种质资源描述规范和数据标准
5-6　李种质资源描述规范和数据标准
5-7　柿种质资源描述规范和数据标准
5-8　核桃种质资源描述规范和数据标准
5-9　板栗种质资源描述规范和数据标准
5-10　枣种质资源描述规范和数据标准
5-11　葡萄种质资源描述规范和数据标准
5-12　草莓种质资源描述规范和数据标准
5-13　柑橘种质资源描述规范和数据标准
5-14　龙眼种质资源描述规范和数据标准
5-15　枇杷种质资源描述规范和数据标准
5-16　香蕉种质资源描述规范和数据标准
5-17　荔枝种质资源描述规范和数据标准
5-18　猕猴桃种质资源描述规范和数据标准
5-19　穗醋栗种质资源描述规范和数据标准
5-20　沙棘种质资源描述规范和数据标准
5-21　扁桃种质资源描述规范和数据标准
5-22　樱桃种质资源描述规范和数据标准
5-23　果梅种质资源描述规范和数据标准
5-24　树莓种质资源描述规范和数据标准
5-25　越橘种质资源描述规范和数据标准
5-26　榛种质资源描述规范和数据标准
5-27　杨梅种质资源描述规范和数据标准
5-28　石榴种质资源描述规范和数据标准
5-29　无花果种质资源描述规范和数据标准

6　牧草绿肥

6-1　牧草种质资源描述规范和数据标准
6-2　绿肥种质资源描述规范和数据标准
6-3　苜蓿种质资源描述规范和数据标准
6-4　三叶草种质资源描述规范和数据标准
6-5　老芒麦种质资源描述规范和数据标准
6-6　冰草种质资源描述规范和数据标准
6-7　无芒雀麦种质资源描述规范和数据标准